U0078236

副能量

第二把交椅生存術，成為副手而不是附屬

他們在參謀建議時是主角，在領導決策上是配角；

他們在單項工作中是主角，在全方位工作中是配角；

他們在維護團結方面是主角，在形成核心方面是配角……

當主管不容易，當主管的副手心更累——

「副」能量加好加滿，隨時切換自己的身分

做上司的超強後盾

蔡賢隆、馮　福——著

目錄

前言

第一章 準確定位，甘願當配角：把握好副手所處的位置

附錄

前言

在一個組織或企業的內部領導團隊中，副手既是一個重要角色，同時也是一個比較特殊的角色，其權力不是很大，但是卻是組織的骨幹，發揮著承上啟下、分工負責的關鍵作用。

而且，在領導學中，也非常講究副手的輔助之道，即如何配合主管更好的把工作做到位，凡精於此道的副手總能站得恰到好處、贏得主管的讚譽，否則就可能丟掉自己的位置。

做主管不容易，做主管的副手就更難。事情辦好了主管不一定會看見你的功勞，辦砸了卻會被看在眼裡；管少了主管說你不努力，管多了又嫌你「越俎代庖」，說你有野心。為此，不少副手憂慮不已，坐立難安。尤其是對於那些沒有扎實基本功的副手而言，要想做得讓主管讚賞、下屬滿意，就沒有那麼容易了。

據統計顯示，目前百分之八十的副手都非管理科班出身，也沒有接受過較為系統的管理知識和技能教育培訓，大部分都是由業務能手或技術骨幹提拔晉升上來的。他們只是憑經驗、感覺、模仿和參悟等方式自學成材。

其實，做副手也有做副手的規則，而且在千千萬萬個副手的職位上，有不計其數的副手做得相當出色，他們的經驗是很多副手們學習的寶貴財富，也有一些副手雖然看來不盡成功，但是也在經驗教訓的寶庫中留下了獨一無二的東西。

那麼，副手到底是一個什麼樣的職位？副手的權力到底有多大？副手的標準是什麼、位置在哪裡？怎樣才能做最好的副手？對此，本書作者將為你提供一把鑰匙，開啟一座大門，讓你到智慧庫中尋找你所需要的答案。

本書對副手該如何認知自己的角色和定位，如何提高自己的能力和素養，如何配合好主管的工作，如何處理與同級副手的關係，如何處理和統御下屬的訣竅及方法等作了詳盡詳細的介紹，為所有副手解析了將來的發展之路，讓他們能夠更加清晰的看清自己的方向。

本書特別注重內容的實用性和方法的指導性，既有理論分析，又有實際操作技巧；既有許多鮮活的故事和經典案例，又有為切實解決所有副手遇到的實際問題而精心設計的適用方法。若讀者能夠仔細品味思索，會發現做副手的許多奧祕。

所以，這無疑是一本所有副職領導者和中高層領導員工必備的「葵花寶典」！

第一章

準確定位，甘願當配角：把握好副手所處的位置

在一個組織或企業的領導團隊中，副手既是一個重要角色，又是一個特殊角色。所以，副手一定要充分認識自己所充當的角色，把握好自己的準確方位，對自己有個準確的價值判斷。

是「第二」而非「第一」

身為副手，要想成為最優秀的，就要求其自身一定要對自己有一個準確的定位，正確認知到自己是「第二」而不是「第一」。

在現實工作中，作為一名副手，假如角色定位不準或不清晰，就很容易出現角色錯位、角色越位、角色不到位或角色迷失等不良現象。最終導致的結果通常是「種了人家的田，荒了自己的地」，費力不討好。

所以，要想成為一名優秀的副手，一定要對自己有一個準確的定位，正確認知到自己是「第二」而不是「第一」。

一九七九年，喬治．赫伯特．華克．布希在競選失敗後，出任雷根政府的副總統。為了得到雷根總統的信任和支持，布希曾為自己制定了五項必須遵循的基本原則。其中的一項便是作為副總統要準確認知和掌握自己的工作許可權，做到攬事而不攬權。

在雷根就職後不久發生了槍擊事件，當時布希正在德州察訪，當他聽到消息後，立刻乘直升機趕到華盛頓。一位軍官建議他直接在白宮南草坪降落，因為這樣就可以趕在電視新聞聯播開始之前出現在電視螢幕上，向全國、全世界宣布，副總統正在領導著美國，但是飛到附近的停機坪再駕車前往白宮卻會浪費許多寶貴的時間，而布希並不贊成這樣做，他說：「只有總統才能在南草坪著陸。」可見，布希知道自己的許可權，他認為自己應當用行動來遵守自己所制定的原則，絕不能超越自己的職權範圍。

在雷根執政的八年期間，布希在內政外交上鼎力相助，受到雷根總統的信賴和器重，被稱為「最優秀的副總統」。

不難看出，布希成功的原因，就是因為他非常清楚的認知到，副手就是他的角色，為了演好這個角色，他必須信任、尊重總統，與總統的步調保持一致，同時還要甘於寂寞，樂於輔助，誠於輔佐，善於盡職不越位，認知自己是「第二」而不是「第一」，找到自己的角色定位，一切以總統的原則為原則。

不可否認，副手是「第二」、是配角。有居次要地位的一面，同時副手又含有主角、居主要地位的一面。所以在實際工作中，副手既要樂於為副，當好配角，又要積極為主，當好主角；既要做好工作，又要了解全面情況；既要做好縱向溝通，又要注意橫向合作。從而創造性的做好自己的本職工作。

實際上，在我們所從事的組織或企業的內部也是如此，無論誰來承擔副手這一特定角色，其職能、權力、責任和行為規範，以及基本行為模式都是既定的。所以，身為副手在樹立「樂於為副，當好配角」的同時，也要做好發揮主角的作用，具體表現為：

1. 在維護團結方面是主角，在形成核心方面是配角

主管對於團隊的團結應該起到核心和凝聚作用，否則就不能形成向心力和奮鬥力。副手能力再強，也不能另起爐灶。從這點來講，副手只能當配角。但是在維護領導團隊的團結方面，副手也有不可推卸的責任，要做團結的模範和表率。

2. 在排憂解難時是主角，在涉及名利時是配角

在領導活動中，主管的工作沒有副手配合不行，但是人們通常會把功勞都記在主管身上，要求副手在功名面前要甘願當配角。同時，在各種矛盾出現時、在需要排擾解難時，副手要勇於衝鋒陷陣，充當主角。

3. 在負責工作上是主角，在領導職務上是配角

在一個組織或一個企業的領導團隊裡，相對於主管而言，副手無疑是配角。處於從屬和輔助地位。但是在其分工管轄範圍內，又要唱主角，扮演主要角色。這既是副手在團隊中所處地位的客觀要求，又是發揮副手應有作用的內涵所在。

4. 在單項工作中是主角，在全方位工作中是配角

在領導團隊中，副手有明確而具體的分工，就全面工作來講，副手只對其中的某一方面或某一項工作負責，充當配角，而對某一方面或某一項工作而言，副手又總是處於具體把關的主體地位，充當主角。

5. 在參謀建議時是主角，在領導決策上是配角

在眾多問題的最後決策上，主管是關鍵作用，也是負主要責任。毫無疑問，主管是主角，副手是配角。但是，主管正確的決策離不開副手的支持和參謀。因為就某一方面工作而言，負責具體工作的副手總比負責全面工作的主管了解的情況多，掌握的資料多，所以最有發言權。副手提供的情況是否全面、客觀、準確，建議是否合理，對主管決策都會產生重要影響。從提供情況、出主意、當參謀這個角度來講，副手又在充當主角。

總之，副手要有「樂於為副，當好配角」的精神，這並不是簡單的被動受制、不思進取，而是要去主動成主管之美，在必要的時候發揮主角的作用，這樣才能與主管一起

共創偉業。才能發揮自己的最大潛能，與主管鼎力配合，使自己最終成為事業上的佼佼者，順利實現自己的職業理想和目標！

做副手，不要成為「附手」

從某種意義上而言，主管和副手只是分工不同，擔負責任大小不同，不存在有高低貴賤之分。主管就是主管，主管不是「頭手」；副手就是副手，副手不是「附手」。

在任何一個組織或企業，從上到下，除了主管以外，還要設有一定的副手。根據工作量大小、人員多少，以及工作的需求配備相應的副手。

而實踐也充分證明，設立數量不等的副手，這是非常必要的，在我們所從事的組織或企業內部，發揮了非常良好且有益的作用。

詹姆斯是微軟高級系統的副總經理，以前他是其他系統公司的技術部主任，他在網路軟體方面的學識和能力，對他在微軟的發展有至關重要的作用。

很久以前，比爾蓋茲就非常希望詹姆斯能為微軟工作，詹姆斯一直沒有接受微軟公司提供的職位。比爾蓋茲卻始終鍥而不捨，三番五次的找詹姆斯談話，最後終於說服了他。

比爾蓋茲高興又自豪的說：「招募詹姆斯用了一年的時間。」而詹姆斯雖然加入微軟後薪金降低了百分之三十五，但是他卻說：「比爾蓋茲讓我明白一件事，如果我想改變世界，像我這種聰明人，的確只能在微軟工作。」

實際上，詹姆斯之所以能夠得到比爾蓋茲的青睞，原因非常簡單，就是因為他的學識和能力無人能比，他雖然僅僅是微軟企業的副手，他的學識和能力告訴我們，他絕對不是一個「附手」。

然而，在一個組織或企業的領導團隊內部，工作中卻常常會出現這樣一種現象：有些副手對主管做出的決議或工作安排不論正確與否，不假思索，一律照辦，或者明知主管的決策不切合實際而不提議、不報告，聽之任之，甚至對主管的錯誤乃至違法行為也一味遷就。

實際上，在現實工作中，如果副手不能很好的發揮自己的作用，成為「附手」，不但不會收到良好的效果，還會使工作和事業受到了一定的影響。

副手變成「附手」的危害具體可包括以下兩個方面：

1. 害人害己

在現實工作中，如果副手明明知道主管的做法是錯誤的，甚至是違紀違法的，該勸說的不勸說，該制止的不制止，長此以往，既容易養成主管驕傲自大，專橫跋扈的「家長制」作風，也容易使自己喪失頭腦，在領導團隊中成為一個可有可無的「擺設」。

而且，副手這樣做從某程度上說既是對自己的不負責任，也是對錯誤行為的縱容。主管滑入深淵，副手自身也難辭其咎。

2. 損害領導團隊的整體奮鬥力

在一個組織或企業，如果副手單純依賴主管，自己的能力得不到發揮，那麼領導團隊的整體奮鬥力就難以形成。古人云：「上下合力者，勝。」須知主管的能力再強，決策再正確，也不可能一個人三頭六臂打天下。一個部門的工作要處理好，還得靠包括副手在內所有人的共同努力。

而且，在一個和諧穩定的社會裡，每一種職業都是社會發展進步不可缺少的，都有其存在的依據、規範要求和職業道德。不論從事哪種職業，都是人民的公僕，只是分工不同，沒有貴賤之分，更不存在副手依附主管的關係。

那麼，在日常工作中，怎樣才能防止副手變成「附手」呢？

1. 瞄準主管的為政座標

主管的職責就是「用人以治事」。主管是否會用人，決定其能否治事。作為一個部門或企業的主要領導者，直接面對的是副手，各路人馬靠他們去統合，各項工作任務靠他們去落實，如果用不好副手，這些人的積極性和創造性發揮不出來，要做好全方位性的工作是不可能的。

所以，衡量主管是否合格，很重要的一個方面就是會不會用人，尤其是要用好副手，用好團隊成員。要善於發現副手的優點和特長，用人之長。主管要運用副手的優點，使優點得到充分發揮，每個人的優點和特長都發揮出來了，整個領導團隊就會形成優勢，主管也就更加好當。

同時，主管還要有寬闊的胸懷和容人的氣量。在一個團隊工作，天天相處加上每個人的性格各異，難免會產生意見和分歧，有時可能會發生爭執，尤其是那些正直、責任心強、有能力、有個性的副手，往往勇於發表不同意見，有的甚至顯得對主管不夠尊重，不那麼特別聽話。這時候，不僅要求主管具有寬廣的胸懷和容人的氣量，做到虛懷若谷。而且還要求主管為副手創造履行職能的良好環境，使副手「在其位，有其權，謀其政，負其責」。

2. 瞄準副手的為政座標

副手作為領導團隊的重要成員，要珍惜自己的職位，履行自己的義務，守好自己的職位，擺正自己的位置，勇於負責、善於負責。在協助主管的決策過程中，要主動表明自己的觀點，開誠布公的把自己的意見、建議和設想提出來，以豐富團體智慧，延伸主管的思想，讓主管兼容並蓄、通盤籌劃，尤其當主管工作出現疏漏、失誤和偏差時，副手要及時提醒、拾遺補闕，切不可視而不見，等閒視之。如果一味按照主管怎麼說就怎麼做，沒有任何原則，阿諛奉承，就當不好副手，更當不了副手。

總之，主管和副手是一個對立統一的關係，是相輔相成的關係，是互為補缺的關係。從某種意義上而言，主管和副手只是分工不同，擔負責任大小不同，不存在有高低貴賤之分的問題。主管就是正手，主管不是「頭手」，副手就是副手，副手不是「附手」。

所以，千萬別把副手當「附手」！

認識自我才能準確定位

在一個組織或企業的內部，如果一個副手不了解自己，不知道自己的優點和缺點，不知道自己要實現什麼目標和為什麼要實現這個目標，那他就不可能瞄準自身定位，也不可能取得真正的成功。

「不識廬山真面目，只緣身在此山中。」世界上最難了解的人不是別人，恰恰是自己。人們常說：「人貴有自知之明」，只有正確認識自己，客觀評價自己，並愉快的接納自己，才能找對自己的位置，實現人生價值。

然而，識人難，識己更難！古希臘德爾菲神廟前豎立著一塊巨大的石碑，上面鐫刻著象徵人類最高智慧的阿拉伯神諭：認識你自己！

傳說中的故事是這樣的：

在一個王國城堡的附近有隻神祕生物，叫「斯芬克斯」。牠整天守著那條過往行人必經的路，讓人猜一個謎：「什麼東西早上是四條腿，中午是兩條腿，傍晚是三條腿」。如果行人不能答對謎底，牠就會把他吃掉；如果猜出來了，牠自己就會死去。

很多人都不能猜出謎底，於是王國中大多數人都死去了，外面的人也不敢來城堡裡了，王國內外充滿了恐懼。終於有一天，一個叫「伊底帕斯」的年輕人來到了斯芬克斯的面前，說出了這個神奇「東西」的謎底——「人」！

於是，斯芬克斯死了，而這個謎語流傳了下來。

「斯芬克斯之謎」於今天的我們，可能已不是一個難題，而它所暗含的意義，卻是不分時代、不分民族、不分老幼、不分性別的存於我們每個人中：自己很多時候是認不出自己的，是很難看清自己的。

「認識自我」這句鐫刻在古希臘德爾菲城那座神廟裡唯一的碑銘，猶如一把千年不熄的火炬，表達了人類與生俱來的內在要求和至高無上的思考命題。尼采曾說：「聰明的人只要能認識自己，便什麼也不會失去。」

實際上，在一個組織或企業的內部也是如此。如果一個副手不了解自己，不知道自己的優點和缺點，不知道自己要實現什麼目標和為什麼要實現這個目標，那他就不可能瞄準自身定位，也不可能取得真正的成功。

本尼斯曾經提到過「瓦倫達效應」，作為副手應該時刻警醒。

瓦倫達家族也許是世界上最偉大的高空雜技演員世家。一九七〇年代早期，七十多歲的卡爾．瓦倫達曾說道：「在他看來，生活如同走鋼絲，一切都是機會和挑戰。」對此，人們讚嘆不已。他那種專心致志於目標、任務和決策的能力令人欽佩。

然而，幾個月以後，在沒有安全網的情況下，瓦倫達在波多黎各聖胡安市的兩座建築物之間進行高空走鋼絲表演時，不幸墜落身亡。他在掉下時手中仍緊緊抓著平衡桿。他曾一再叮囑他的家庭成員不要把平衡桿扔下，以免砸到下面的人，他用自己的生命實踐了自己的話。後來，瓦倫達的夫人說，在她丈夫掉下來之際，她生平第一次看到，瓦倫達將注意力集中在墜落而不是在鋼絲行走上。他曾親自檢查了牽引繩，以前他從來沒有這樣做過。

由此可見，認清自我，熟知自己的技能，才能有效的加以利用。而且，要想品嘗勝利果實，一定要充分認識自己，這才有可能心想事成。

其實，在現實工作中，副手的定位也是如此。一個缺乏自我認識的副手，不僅難以找到自己的位置，更會給組織或企業造成極大的損害。無能的副手就像無能的醫生，可能使組織的問題惡化，使組織失去生命力。所以說，作為一名副手，不僅要了解自己的優點，而且也要了解自己的缺點、正視自己的短處並積極改進。

然而，在很多時候，我們總認為自己是對的，當事情有了結果之後，我們才發現自己的錯誤，我們常常以為已經完全了解自己，其實我們是被自己蒙敝了，或者說我們自己不願意了解自己，我們自願被自己的表象所麻痺。

那麼，怎樣才算是認識自己了呢？認識自我，就是對自己的性格、特點、長處、短處、興趣、愛好、理想、憎惡、身體狀態、心理狀態、生活規律、家庭背景、社會地位、生存目的、價值觀、交際圈、朋友圈、現在處於人生的高峰還是低谷、長期或短期目標是什麼、最想做的事是什麼、自己的苦惱是什麼、自己可以做什麼、自己不能做成什麼等方面做出正確全面的綜合評估。

你可以將上面的內容做成一份表格，然後認真填寫，再進行仔細正確的分析，尋找自己的長處和短處、自己的優點和缺點，今後，隨時警醒自己，隨時修正自己的思想和行為。

總之，一個人只有認識自己才能推薦自己，就像推銷員推銷自己的商品一樣，只有在對商品的性能、功效、市場行情、特點等熟知的情況下，才能出成績。同理，要想成為一名優秀的副手，必須首先了解自己、認清自己，才能瞄準自己的位置，成功走向事業的顛峰。

擺正位置才能有所作「為」

對於一名副手而言，如果不能正確的認知自己的方向，不清楚自己的目標，就如同在大海中失去航標的輪船，永遠也找不到成功的港口。

孔子云：「名不正則言不順，言不順則事不成。」由此可見，在中國古代，我們的大思想家就十分重視「名分」。

古人云：「駿馬能歷險，耕地不如牛，堅車能載重，渡河不如舟。」可見，古人認為在用人方面，一是用才貴在知人善任；二是有才必須盡其所能。

這也告訴我們，只有瞄準自己的「位置」，才能最大限度的發揮自己的潛能，有所作為。然而，現實中駿馬耕地、堅車作舟之事時常發生，給個人和團體帶來不應有的損失，給組織或企業造成管理混亂。而這就是找不到「位置」造成的後果。

現在人們常說「有為才能有位」，實際上「有位才能有為」這句話也是非常有道理的。「有位」是擺正自己的位置，在自己位置的時空內有所作為，力求達到作為的最大值。

在一個組織的領導層內部，如果副手不能擺正自己的位置，那麼事與願違的事情就會屢屢發生，尷尬的惡運也會不時的降臨到他頭上。

有一天快下班的時候，老闆找到修理工人大衛，說機器上的一個螺帽掉了，讓大衛去裝一下。大衛隨口答應，然後拿著鉗子、扳手等工具和一大鐵盒型號各異、新舊不一的螺帽，去了機器所在的那個操作室。剛要動手時，下班的鈴聲驟然響起。大衛心想，機器並沒有什麼大毛病，只不過是需要換一個螺帽而已，還是不要把手弄髒了，明天上班的時候再換吧。

第二天剛上班，大衛便帶著所有的工具到了操作室，他卻看到老闆正站在機器的旁邊。

「你必須在兩分鐘之內讓機器恢復運轉，」老闆非常生氣的說。

大衛心想：「兩分鐘換一個螺帽，這實在是太容易了，實際上連一分鐘都用不到。」沒想到一盒子的螺帽竟然沒有一個是與螺絲的型號、尺寸搭配得當的，大衛陷入了尷尬的沉默之中。

這時，老闆一字一頓的說：「對於這台機器來說，只有那個與螺絲吻合得天衣無縫的，才能叫做螺帽，其他的只能叫做廢鐵，現在你盒子裡的全是一塊一塊的廢鐵，沒有一個『螺帽』，而工廠就好比這台機器，每個工人就如同一個簡單而不可或缺的『螺帽』。」

這則關於「螺帽」的故事，或許會讓每個副手對於找到自身位置的重要意義得到啟示：螺帽只有在與螺絲相吻合的時候，才能表現螺帽的價值，這時螺帽才能真正的稱其為螺帽；反之，不能與螺絲相吻合的螺帽則毫無價值可言，只能稱之為廢鐵而已。

同樣的道理，在適合的職位上工作的副手就是一顆公司的「螺帽」；反之，對公司來說，不能在適合的職位上工作的副手不過是公司毫無用處的「廢鐵」而已。

張先生是某家證券公司副總監，剛開始擔任這一職位的時候，他的領導能力非常糟糕。但是張先生是個聰明人，自從任職的那一天起，他從沒疏忽大意過，而是擺正自己的位置，時時刻刻都以副總監的身分嚴格要求自己。

在閒暇時候，張先生也時刻提醒自己擔任的重任。為此，他經常思考自己都做了哪些令主管不太滿意的事情，自己缺乏哪方面的本事。當然，他還在各行各業廣交朋友，建立自己的社會關係，以應不時之需。

而張先生所做的一切，都被主管看在眼裡，加薪和升遷自然不在話下了。

可見，張先生作為一個企業的副手，即使能力一般，由於他能夠認知自己的方向、擺正自己的位置，所以深得主管好評。

實際上，作為一個副手不管任職時間有多長、走的都是上坡路，都是從副手（或副手以下）提拔的員工，應該說想做一番事業，即使不是現在的想法，也是剛上任時的初衷。尤其是新官上任「三把火」，躊躇滿志，真有「大鵬一日同風起，扶搖直上九萬里」的志向。對於每個新提拔的副手，誰不想在職位上實現自我價值而有所作為呢？

但是，副手職位的特殊性質常常讓一個初出茅廬、不知天高地厚的年輕人很快冷靜下來，甚至裹足不前。

其實，主管與副手是相對而言的兩個名詞，如果沒有副手又哪來的主管呢？可見副手和主管是對立統一的關係，有其存在的必然性和合理性。華爾街上的老闆這樣要求他的副手：「你要站起來比他高，但是你要彎腰行動，讓任何人看不出你比他高。」這也許是副手如何作為的「技巧」。副手要作為，不能亂作為，副手必須擺正自己的位置，在恰如其分的「位」中「有所作為」。

在領導團隊中，副手一般都要負責一個方面的工作，扮演著特殊的角色，起著承上啟下的作用。副手儘管居於輔助地位，但在某些特定情況下具有不可缺少的主要地位的一面。

所以，在現實工作中，要當好副手要發揮好以下四個作用：

1. 執行作用。熟悉政策，了解歷史，掌握情況，勇於負責。

2. 協調作用。既有對上協調、對下協調，也有對外協調。

3. 助手作用。在形象上陪襯主管，圍繞主管的思路展開工作，拾遺補缺、巧於善後。

4. 參謀作用。努力做到全方位出發謀劃工作、多主動站在主管的角度思考問題、多參與實踐。

總之，做一名成功的副手，就要立足現實，著眼未來，與時俱進。做到實事求是，理論結合實際，既不會好高騖遠，也不要有畏難情。從現在做起，從自身做起，不斷學習，勤於思考，不斷實踐，不斷在實際工作中調整自我，為自己創設一個寬鬆的人文環境，從和諧的人際關係中瞄準自己的位置，明辨自身工作角色。如此，副手才能在恰如其分的「位」中大有作為。

把握好自己所處的位置

在現實工作中，善於對自己做出準確的定位，是成為優秀副手必須精通的一門學問和藝術。

有兩隻老虎，住在籠子裡三餐無憂，卻羨慕野地裡老虎的自由；而住在野地裡自由的老虎卻也羨慕著籠中的老虎，因為牠覺得籠中的老虎是安逸的，而牠得不到。後來兩隻老虎互換了位置，按理說兩隻老虎應該會快樂而又幸福的生活下去，事實卻並非如此：兩隻老虎都死了。

原因何在？其實非常簡單：從籠子裡走出的老虎只獲得了自由卻沒有獲得捕食的本領；而走進籠子裡的老虎獲得了安逸卻沒有獲得在狹小空間生活的心境。故事告訴我們：把握好自己所處的位置是非常重要的！

實際上，對於組織或企業內部的領導階層而言，也是同樣的道理。每一位副手，都被要求在工作中必須把握好自己所處的位置。這是因為，適合的人做適合的事才能最有效率的完成工作，對於個人也才能最大的發揮自己的潛能和價值。

然而，在現實工作中，有的副手站不到統攬全方位的位置，團體內部各唱各的調，缺乏合作，無法形成堅強有力的領導核心，就是該放的不願放、放不開，事無巨細，包攬過多，不善於發揮副手職位的作用，陷入了「孤軍作戰」的困境。

這些副手本來是自己找不到位置，造成了工作被動，卻往往不能省身自悟，反而責怪上司不理解、同級不配合、下屬不支持，對好多正常的問題想不通、看不開，從而導致領導團隊內部不協調、不團結，削弱了領導團隊的凝聚力和奮鬥力。

所以，作為一名副手，一定要把握好自己所處的位置，做自己力所能及的事情，否則就會加重自己心理上的負擔，打擊自信心，從而無法真正發揮出自己的能力，高效的完成工作。

加拿大有間大公司的副總，才三十六歲，才華洋溢，收入豐厚。但是，他受到了極大的挫折，成天憂心忡忡，最後找了心理醫生接受心理諮詢。在診所，他講述了自己的經歷。他在九歲和十七歲時，有過兩次成功的經歷，一次是推銷雜誌，發展到有好幾個朋友和他合夥一起做。另一次是和別人合夥蓋了一家印刷廠，他專門負責拉業務。他的工作做得很好，存下來的錢足以供他上學。

兩次都是成功的推銷技能幫了他的忙。後來，由於父親的建議，他在大學開始學管理學，他是靠推銷和經營賺來的錢，完成學業拿到碩士學位的。從學校畢業後，他就被這家大公司錄取，在企業裡一直做到副總的位置。可是他的工作經常被人指責，他出現了越來越多的工作失誤，常常有人抱怨議論他的工作。所以他過得非常壓抑，他只有在一週結束時才感到高興，這樣的情況一直持續著。結果公司的主管、同級副手、下屬對他的工作越來越不滿，包括他自己也對自己越來越沒信心。

聽完他的陳述，心理醫生幫助他解開了心結：他其實並不適合從事管理的職位，雖然他獲得了碩士學位，但是他的興趣不在此。經過心理醫生的分析和解釋，他終於想通了，於是他主動向公司請求辭去副總一職，轉到銷售部。這家公司雖然失去了一個名不符實的副總，卻得到了一個樂此不疲和富有經驗成效的銷售管理總監。

後來，當他談到這件事情的時候，他說：「一定要把握好自己所處的位置，否則你將變得不快樂並且憂心忡忡，因為你做的都是你所無法完成，或最多只能勉強完成的事，而且你也傷害了信任你、委託你辦事的人，對工作來說更是一種損失。」

的確，在現實工作中，我們都應該要求自己不斷上進，都應該要求自己要勇敢打拚、努力奮鬥，但是一個人的智力、體力、領悟力與適應力，都是有一定範圍和限度的。一個人不可能在每件事上都一路領先，勝過其他所有的人。而且，我們必須承認，在這個世界上，還有很多事情是我們的力量所辦不到的，對於這些事情我們就不要勉強自己去做，否則就會害人害己。

作為一名副手，當你不具備完成某件事的條件和能力時，就要清醒的面對事實，對一切事情量力而行、盡力而為。唯有如此，你才會最大限度的緩解自己的壓力、減輕心理負擔，輕裝上路。

把握好自己所處的位置

其實，衡量一個人在某一位置上有無價值，不在於他做了多少工作，而在於他做的工作有多少有意義，對公司和個人的發展有多大的推動作用。一個最有價值的位置，並不一定適合你，不適合你的位置，對你來說就不是最佳位置。最佳位置不是最高的，而是最適合你的。

尤其是一個副手在選擇自己的職場位置時，不要問這個職位可以為你帶來多少財富，你可以從中獲得多大的地位、名望；而應該問問，哪個位置可以最充分的發揮自己的才能，能夠最大限度的實現自我的價值，這才是你真正需要的，只有在這樣的位置，才能充分挖掘你的潛能，促進你的發展，使你雄心勃勃，將來有所作為並且得到主管的重用、事業有成。

有位大企業的副總說：「一個人應該知道自己能夠做什麼，應該做什麼，必須做什麼；更應該知道不應該做什麼，不要做什麼，其實做也做不到什麼。」

所以，對於每一個人來說，不要以為找到自己的位置很容易，其實人的一生，就是一個不斷尋找自己位置的過程：生活中的位置、工作中的位置、家庭中的位置、學校中的位置、社會中的位置……現在的好位置不代表是永遠正確的位置。尤其對於一名副手而言，要始終保持清醒的認識，不斷的找到一個最適合自己發展的位置，像螺絲釘一樣深入下去，才能取得最後成功。

襯托主角，甘願當配角

作為一名副手，扮演好自己的角色，需要襯托主角，甘願當配角，不自以為是，一步一個腳印的走下去，踏踏實實的做好工作，才能最終有所作為，走向成功。

在《襄陽記》中，劉備記世事於司馬德操。司馬德操曰：「儒生俗士，豈識時務？識時務者在乎俊傑，此間自有臥龍、鳳雛。」自此以後，人們常以「識時務者為俊傑」來稱讚那些世事洞明、人情練達的有識之士。所謂「識時務」，是指能夠客觀判斷和評價周圍的人和事，能認清自身的缺點和不足。知人識己，才能無往而不勝。

社會是一個大舞台，生、旦、淨、末、丑各有不同，每個人都在其中扮演著自己的角色。主角畢竟是少數，陪襯和輔助性的工作總要有人來做。正如影視圈一句話所言：「只有小演員，沒有小角色。」

而且，在我們的日常工作中，總要有主次之分，也總會有主角和配角之分。一般來說，主角比較顯眼，比較風光，比較容易受到重視。這也是正常的。不論做什麼事情，僅僅有主角還是遠遠不夠的，還要有許多配角。主角和配角，只是分工的不同，沒有地位的尊卑。

工作分主次，主角和配角也承擔不同的責任、義務。通常情況下，主角因其工作的特殊性，需要更多的配角支援配合。換一句話說就是，主角的光輝，離不開配角的映襯。一個成功主角的背後，一定有多個默默奉獻、不計名利的配角。

對於一名副手而言，甘願當配角的精神之所以可貴，就是因為這種精神表現了一種顧全大局、服務大局的意識，表現了一種只講付出、不求回報的品德。這種精神格局是那些「爭名於朝、爭利於市」的人做不到的。

大衛管理博士畢業已經兩年有餘，至今仍然「待業」在家，究其原因，並不是因為他不學無術或只會紙上談兵，只不過他擇業起點太高，仗著自己管理博士的學歷，不免對職業挑三揀四。曾經有一家規模和名聲都不錯的外資企業有意聘請他做人力資源部副部長，但是被他斷然拒絕，博士學歷的大衛認為自己非獨立經理人不做。只有高學歷，而沒有豐富的工作經歷，又怎麼可能「一步到位」地成為獨立經理人呢？

大衛留學英國，博士、碩士的頭銜拿了一大堆，仗著「海歸」的特殊身分和高人一等的學歷，大衛學成歸國後，為自己制定了一系列的擇業標準：

1. 年薪不低於二十萬
2. 資產高於一億的跨國企業

大衛拿著這個標準在各人才市場及獵頭公司之間轉來轉去，最終一無所獲。大衛於是感嘆：可憐我「海龜（歸）」變成了「海帶（待）」！

像大衛這樣為自己的職業定位做了很多的限制，自然弊病非常多。實際上，他們心有不甘的不是工作內容和工作形式本身，而是在於職位高低。他們自恃學歷高資歷高，因而不屑於服務於人；因為覺得自己比別人強，就應該指揮別人而不是被人指揮和領導。正因為如此，他們被自己牽絆住了手腳，影響了自己職業生涯的發展。

可見，如果一個人想在社會上開拓一條屬於自己的路來，就要學會放低自己，也就是說：不要太把自己的學歷、家庭背景、身分當回事，而是把自己放到平凡人的位置上。同時還要不在乎別人的看法，不怕別人說三道四，做自己認為值得做的事，走自己認為值得走的路。襯托主角，甘願當配角，從身邊小事一點一滴做起，一步一個腳印，建築自己成功的基石。

當一個人的職業生涯中出現更好的機會時，當然要不遺餘力的爭取，但不是不自量力、貿然行事。尤其是對一名副手而言，在自己還沒有足夠的經驗、業務水準和管理能力時，做副手是最適合的。也許你才智出眾，也要堅信這一點：你的主管一定有比你高明之處，而且不是你一兩天就可以學到和學精的。這時副手需要做的是放低自己，甘願當配角，把自己的職業期望值定得高低適宜。

所以，只有懂得適時放低自己、襯托主角、甘願當配角的人，才能在競爭上占有更多的優勢：

1. 放低自己，思想上才能更富有彈性和張力，更容易吸收來自各個方面、各個層次的資訊，豐富和充實自己的職業資訊庫，在自己的行業中做得風生水起、卓有成就。

2. 放低自己，才能比別人更容易抓到機會，也能比別人抓到更好的機會，因為他不會仗著身分過濾掉大好機會。

在現實工作中，有很多人身為副手卻太過氣盛，恃才傲物，認為主管的水準沒有自己高，能力沒有自己強，於是在思想上和工作上很難與上級配合，即使勉強為之，也覺得那樣好像是委屈了自己。

同時，這些人還對於那些主動配合、盡力扶助主管的副手很看不慣，認為那樣的人即使不是馬屁精，起碼也是沒什麼深度的膚淺之人。這種「不甘人下」的心理其實是扭曲的。

總之，主角有「最佳」，配角同樣有「最佳」，兩者不可厚此薄彼。這裡，需要我們宣導一種甘願當配角的精神，呼喚一種甘願當配角的意識，鼓勵副手們瞄準自己的角色，不計名利，顧全大局，加強配合。組織或企業要想蒸蒸日上，甘於奉獻的配角是缺少不了的。

承認自己也是職員者

在現實工作中，要想成為一名優秀的副手，就不要忘記：自己僅僅是「職員者」，只不過是在為主管服務而已。

在一個組織或企業的內部，副手可以在自己的職權範圍內做出決策，直接領導著自己的團隊，在一定情況下，也許會產生領導者的優越感，想成為一名優秀的副手，就不會忘記：自己僅僅是個「職員者」，只不過是在為主管服務而已。

蕭何、張良、韓信，被成為漢初三傑。三人在創建漢室江山過程中，立下蓋世的功動。令人感慨的是，他們三人的命運大不一樣：韓信被殺，張良退隱，只有蕭何做了劉邦的副手，與劉邦和平共處幾十年。雖然其間也有些波折，蕭何也有始有終，這是非常罕見的。

蕭何是文官，負責處理後勤工作，曾多次在劉邦處在危急時前來救援，使劉邦化險為夷。尤其是奪取秦都咸陽後，眾將都在爭搶珠寶，只有蕭何保護了秦朝的文書檔案、律令、圖書等。因此，劉邦才能對全國的軍事要塞、地形地貌、人口多少、經濟現狀瞭若指掌。蕭何的明智之處在於他把分寸掌握得極為得體，沒有細節問題為自己惹事生非。蕭何能凡事都聽命於劉邦，有好事全讓給劉邦，能夠委曲求全。蕭何做事好請示，得到劉邦的同意後才開始實施，從不自作主張。看上去是沒有主見，其實，這是最高名的主見。

其實，蕭何的高明之處就在於，他深知自己只是一個「副手」，因此在最關鍵的時刻，蕭何的舉動非常明智，以退為進，以棄為取，把事情處理得極為精彩，大家心照不宣，兩全其美。

蕭何的一生，大部分時間是給劉邦做副手，沒有大起大落，但是過得非常辛苦。他大智若愚，忍辱負重，任勞任怨，克勤克簡，安撫天下。他用盡一生，深知自己只是一個「副手」，瞄準了自己的位置，在危機四伏的封建社會官場中，成了一個幸運者。

那麼，在現代組織或企業內部，副手們怎樣才能從心理上來承認自己既是職員者的同時，又能很好的做好自己的本職工作呢？

1. 把主管當做第一顧客

一個人不論從事什麼職業，都要把它看做是自己的事業，而自己就是這家企業的經營者。

公司的贏利來源於為顧客創造價值，獲利的大小取決於你為顧客創造價值的大小。副手作為一名職員者，主管就是你的顧客，而且是最大的客戶，因為他在花錢購買你的服務。從這個角度上而言，主管無疑是你的第一大客戶，所以你也應該把主管當做第一顧客。

如果你把主管當成第一顧客，那麼你就要學會推銷自己；同時想辦法增加自身的價值。把主管當做第一顧客是以一種積極的態度來看待自己與主管的關係。如果按照「顧客是上帝」的行銷理論，你就不會責怪主管的嚴責和挑剔了。

2. 幫助主管成功，自己才能成功

劉小姐是一位國際市場部副總經理。她接到了一項緊急任務，根據總經理的筆記，準備好業務進展曲線圖表。草擬圖表時，她注意到總經理寫道：「美元持平，則出口就

會增加。」劉小姐知道，事實恰恰相反。於是便通報老闆，告知已經糾正了這一錯誤。

總經理很感謝劉小姐發覺了自己的疏忽。當第二天向上呈報未出絲毫紕漏後，總經理對劉小姐做出的努力再次道謝，不久，劉小姐發現自己的薪酬有所增加。

主管並非全才，在工作中總會遇到各式各樣的難題。這些難題也許不是你的分內工作，可是這些難題的存在卻阻礙著企業的前進，副手如果能夠幫助主管解決這些難題，在事業成功的路上就會進展得更快。

而且，具有主管那樣的全方位觀，時刻和主管保持一致並幫助主管取得成功的副手，最終會成為組織或企業的中堅力量。

3. 把工作當做磨練意志、召喚成功的場所

一個人在高山之巔的鷹巢裡，抓到了一隻幼鷹，他把幼鷹帶回家，養在雞籠裡。這隻幼鷹和雞一起啄食、嬉鬧和休息，認為自己是一隻雞。這隻鷹漸漸長大，羽翼豐滿了，主人想把牠訓練成獵鷹，由於終日和雞混在一起，牠已經變得和雞完全一樣，根本沒有飛的願望了。主人試了各種辦法，都毫無效果，最後把牠帶到山頂上，將牠扔了出去。這隻鷹像塊石頭似的，直直的掉下去，慌亂之中牠拚命撲打翅膀，就這樣，牠終於飛了起來！

在現實工作中，副手作為一名職員，也許你也會像那隻鷹一樣，不知道自己能飛；也許主管給了你一片懸崖，而你卻不知奮力抖動翅膀。那麼，你仍是一隻雞，或是掉下懸崖粉身碎骨。

因此，你若想成為最優秀的副手，就把自己置於懸崖上，奮力打拚，把工作當成磨練自己意志的場所，培養自己獲得成功的力量。因為工作不是做給主管看的，而是實現自身價值的需求。

4. 接受與主管事實上的不平等狀態

美國軍隊中規定：軍人不能蓄長髮。而黑格將軍在擔任某部隊的總司令時，卻蓄著一頭長髮。一名留長髮的副官看到畫報上登載了一頭長髮的黑格將軍的照片，就立即將其剪下來，貼在不允許他留長髮的連長的辦公室門上。為了表示抗議，這名副官還畫了一個箭頭，並在旁邊配了一行小字：「請看他的頭髮！」

連長看了這份別出心裁的抗議書後，並沒有立即把這個憤憤不平的副官叫來訓斥，而是將那個箭頭延長到總司令的領章處，也加了一行小字：「請看看他的軍階！」

在軍隊中，將軍與副官處於不平等的地位；在現實工作中，主管與副手事實上也是處於一種不平等的地位。比爾蓋茲曾說：「人生是不公平的，習慣去接受它吧。」而在企業中的不同地位就是這種「不公平」的重要表現之一。所以，身為副手要學會接受與主管事實上的不平等狀態。

總之，在一個組織或企業的內部，作為一名副手，只有承認自己是「職員」，才能擁有一種健康的心態和良好的工作態度，而這種心態與態度可以促使每個副手奮發圖強，改變現狀，最終取得事業上的成功。

先站穩，再求更上一層樓

在現實工作中，每個人都想著要「更上一層樓」，可是身為副手你要深知，這要等你在自己的位置上站穩腳跟以後。

俗話說：「人往高處走，水往低處流。」在現實工作中，每個人都想著要「更上一層樓」，可身為副手你要深知，這要等你在自己的位置上站穩腳跟以後。所以，想讓主管提拔你並不容易。副手除了做好本職工作以外，還要想辦法讓主管有提拔你的欲望。

某實驗化工廠的副工廠張先生自恃才高，對工廠貢獻大，和廠長在一起時便常常忘記自己的身分，言語隨便、行為放肆，使廠長十分氣憤，但是礙於面子又不好說什麼。

某天有客戶來訪，恰巧張先生正和廠長商量事情。於是他立即搶在上司面前與人握手、寒暄，而且不主動倒茶、讓座。交談時，本該說話的是廠長，他也替廠長說了，完全忽略了廠長的存在。招待客戶吃飯，就座時張先生也不考慮位置，就坐在了本屬廠長坐的位置上。使得廠長只能當起了配角，心裡十分惱火。

送走客戶，廠長狠狠的把他訓了一通，說他目無主管，不知道自己是屬下。以後凡有接待上的事情，廠長再也不會叫他陪同了。本來廠長是準備要提拔他，從此以後，這個想法就打消了。

實際上，這個副工廠之所以會落到如此地步，錯就錯在他不僅沒有認清自己的身分地位，更沒有在自己的位置上站穩，就想越位。

那麼，作為一名副手，怎樣才能讓主管提拔自己呢？

一、要做好晉升的準備

1. 了解晉升的職位所需的條件

想得到晉升的職位，就要先了解勝任這個職位所需的條件，然後有意識的培養並表現出來這方面的能力，當主管看到你能勝任上一級職位時，他自然會考慮提拔你的。

2. 讓主管知道你並不是為了私利而提升

主管最擔心和討厭那種一味追求個人私利的人，他們覺得這種人過於鑽營，即使有才，也不能委以重任。如果把這種人提升到較高職位的話，只會給組織或企業帶來不利。

因此，你應該讓主管感到，你並不是那種單純追名逐利之輩，而是有很強的事業心和責任感。讓他覺得你之所以想得到較高的職位，是為了組織或企業的前途和利益著想，是為了實現自己的事業心。

3. 做好本職工作是晉升的前提

一個連當前的本職工作都做不好的副手，主管會把更重要的任務交給他、進而提拔他嗎？所以，副手要想獲得晉升的機會，一定要努力把當前的工作做到最好，這樣主管才會認為你很能幹，才會考慮把更重要的任務交給你去辦，進而提升你。

4. 讓主管知道你對晉升的職位感興趣，副手要有一種毛遂自薦的精神

當你確實認為自己有足夠的資格勝任晉升的職位時，不妨坦率的告訴主管，你對那個職位非常感興趣，而且完全能夠勝任。即使這個職位暫時沒有空缺，主管也會考慮的，至少會認為你是很有上進心的；如果主管正為選擇合適人選大傷腦筋時，你正好為他解決了難題，那麼你能晉升的機率將大大提升。

5. 讓主管意識到你能做更重要的工作

一般情況下，最能獲得主管稱讚，最易受主管矚目的工作表現，並不是每天的例行公事，而是一些在自己本職工作之外的表現。尤其是那些別的副手做不了而你又能做得很漂亮的工作，自然會對主管的內心產生觸動，認為你很有才能，下次有更重要的任務時自然會考慮到你了。

二、抓住表現的機會

俗話說：「世界上沒有無緣無故的愛，也沒有無緣無故的恨。」主管不會無緣無故的注意你，更不會無緣無故的提拔你，你要想得到晉升，必須抓住機會，在主管面前適時的展示出來。

一般情況下，你可以透過以下幾種方法來爭取表現的機會：

1. 不要表現得過分謙虛

主管未必了解所有的副手，有時候太過謙虛反而會吃虧。比如，當你帶領部屬完成一件艱巨的任務而向主管匯報時，一定要把自己的作用放在醒目的位置上，不要以為心有謙厚之道，以美德取勝，這是書呆子的做法。你自己不說，別人也不會提，這樣主管可能永遠不知道你做了些什麼。

2. 千萬不可操之過急

機會的來臨是偶然的，而機會只青睞有準備的人，因此對於升遷的機會要耐心等待，並隨時做好升遷的準備。一旦機會來臨，就迅速的抓住它，自然會擁有你夢寐以求的職位了。

3. 勇於承擔壓力與責任

千萬不要以「這不是我的分內工作」為由來逃避責任。主管把額外的工作交由你去做時，你應把它視為一種機遇，積極的盡最大努力把它做好。這可是獲得主管賞識的難得機會。

4. 適當的叛逆必不可少

古人云：「將在外，君命有所不受。」應付庸碌的主管，你要採取絕對服從的態度。並不是所有的主管都喜歡這樣，尤其是那些精明的主管，總是注意那些略有些反叛、但是會為公司利益著想的副手。

5. 始終保持最佳狀態

別以為幾個通宵趕工，一副疲憊的樣子，就會博得主管的讚賞和喜悅。在他心中很可能會說：「這個年輕人體力不濟」、「能勝任更嚴峻的任務嗎」等等，對你的精神和體力表示懷疑。所以，千萬不要令主管對你產生同情之心，因為只有弱者才會讓人同情。如果主管同情你，已經顯示他對你的能力產生懷疑。不論在什麼時候，在主管面前均保持一貫良好的精神狀態，這樣他會對你放心並不斷把更重要的任務給你。

6. 勇於接受新任務

當主管初步確定了某項工作任務，一時還沒有找到承擔工作的合適人選時，你可以挺身而出，請他讓你試試。當然，你必須先了解自己，以免被主管認為你是自不量力。

7. 適度渲染自己的成績

擔當瑣碎工作時，你不必把成績向任何人顯示，給人一個平實的印象；當你有機會承擔一些比較重要的任務時，不妨把成績有意無意的顯示一下，增加你在公司的知名度。尤其是在大公司，這非常重要，因為主管是否會注意你，往往是根據你在公司的知名度來決定的。掩藏小的成績，渲染較大任務的成績，可起到「名利雙收」的效果。

三、耐心等待下次機會

假如晉升的好運最終落在了別的副手身上，不要因此而沮喪或不合作。你的每一個表現，都看在別人的眼中。

此時，你要表現出大將風度，不以一城一地之得失而或喜或悲，應把眼光放長遠些，總結經驗，進一步提升自己的能力，為下一個晉升機會的來臨做準備。

問題思考：

1. 結合實際，談一談你對「準確定位」的認識？
2. 假如你是某組織或企業的副手，想一想在定位方面你做的如何？有哪些方面需要改進？
3. 假如你是某組織或企業的主管，談一談「副手定位」的重要性？
4. 結合本章內容，想一想在實際工作中，「副手定位」還有哪些要點需要補充？

行動指南：

抽出一點時間對自己的「地位」進行理性的思考。

從自己過去成敗的經歷中選擇兩個典型事件，從「定位」的角度分析成敗的原因。寫下來！找個最親近的人討論。

第二章　加強修練，提高素養：培養副手的特質

在現實工作中，副手能否在實踐中建立自己的威信，其原因可能是多方面的。但是，僅從副手作為領導者本身來講，要讓下屬去更好的完成任務，一定要不斷強化自身的素養，加強修練，不斷的充實自己。

要經常為自己充電

身為副手，必須重視自身素養的提高，經常為自己充電、增加自己的知識、拓展自己的視野、鍛鍊自己各方面的業務能力和管理能力，對於凡是業務所涉及的領域，不論該不該由自己直接負責的，都要力爭去了解。

在現代社會激烈的競爭中，組織或企業能否生存和發展下去，越來越依賴於高科技。相關資料顯示，企業界百分之九十九的財富，集中在百分之一的高科技產業中，其實就是知識創造了一切。

實際上，知識對於一名副手而言，也非常重要，它是優秀副手最大的資本。知識的占有量，可以表現一名副手的才華和能力。而對知識的渴求和孜孜不倦的學習，可以幫助副手提高自己的競爭力，實現自己的社會價值和社會地位。

某大型企業曾經一度陷入經營上的困境。為此，企業董事會決定從全世界招聘十名知識淵博的職業經理人。

企業的這一舉動震驚了整個業界，各大報紙爭相轉載。對此，公司的一位董事說：「知識也是一種成本，一種可以創造奇蹟的資本，我們做出百萬年薪招聘的這個決定並不是做一場豪賭，而是正式的投資。我們相信，只要是知識豐富的優秀人才，不管我們付出多少，我們都會獲得雙倍甚至無數倍的回報。」

過了不久，世界上最優秀的經理人才都被吸引至這家企業旗下，他們把自己淵博的知識與豐富的經驗變成企業的利潤，也因此獲得了巨大的個人財富。

可見最受組織或企業歡迎的副手，永遠是那些善於學習、擁有廣博的知識、掌握新技能、能為公司提高競爭力的人。正如前微軟總裁比爾蓋茲所說：「一個人如果善於學習與思考，他的前途會一片光明；而一個良好的企業團隊，要求每一個組織成員都是那種迫切想要進步、努力學習新知識的人。」

每個人都有自身的缺陷和不足，只有不停的汲取各種知識和經驗、改正缺點、完善自身，才能不斷進步。在現今的社會，競爭空前激烈，如果不思進取，總有一天你就會感慨世代不同了，只能被別人遠遠的拋在後面。

晉平公是春秋戰國時期一位政績很好的國君，學問也不錯。在他七十歲的時候，他依然還希望多讀點書，多長點知識，因為他總覺得自己所掌握的知識實在是太有限了，跟不上下邊臣子的思考。

然而，七十歲的人再去學習是很困難的，於是他去詢問他的一位賢明的臣子師曠。師曠回答說：「我聽說，人在少年時代好學，就如同獲得了早晨溫暖的陽光一樣，那太陽越照越亮，時間也久長。人在壯年的時候好學，就好比獲得了中午明亮的陽光一樣，雖然中午的太陽已走了一半了，可是它的力量很強、時間也還有許多。人到老年的時候好學，雖然已日暮，沒有了陽光，可是他還可以借助蠟燭，蠟燭的光亮雖然不怎麼明亮，只要獲得了這點燭光，儘管有限，也總比在黑暗中摸索要好多了吧！」

聽後，晉平公恍然大悟，高興的說：「你說得太好了。的確如此！」

可見，一個人不論年少年長，學問越多心裡越踏實，既然站得高，就該看得遠。尤其是對於一名副手而言，不斷的學習和提高自身能力就更顯得重要了。

現代企業競爭激烈，技術更新快，需要高瞻遠矚，更新管理理念。透過有目的的學習不僅能豐富個人的知識結構，而且這種學習的挑戰可以提高副手的心理素養，從而有益於提升領導層的整體形象。

學習是提高副手能力的關鍵。最優秀的副手是能不斷成長、發展和學習的人。副手在工作中經常需要扮演多種角色，他既要管理一線的生產營運，也要負責與主管的溝通，既要掌握企業的全面發展情況，也不能錯過任何一個方面的最新動態。如果副手不能掌握來自企業內部基層和主管的最新資料，工作勢必處於被動地位。而且來自企業外部的資訊如果無法及時獲得的話，也無法正確的做出決策。

而且，作為一名副手，由於處於領導者的位置，如果知識面太狹窄、能力太單一，就很難勝任工作，更何況還要管理下屬。所以，副手必須重視自身素養的提高，經常為自己充電、增加自己的知識、拓展自己的視野、鍛鍊自己各方面的業務能力和管理能力，對於凡是業務所涉及的領域，不論該不該由自己直接負責，都要力爭去了解。知識才華越是全方位的人，才越能在競爭中穩操勝券。

在日常工作中，也常常有些人缺乏學習的動力，他們不知道學什麼、練什麼，認為學了半天也是浪費時間，在工作中沒有顯著的作用。實際上，所謂人才就是要在綜合素養的基礎上有專業能力，也就是說要盡量學識淵博，然後再懂專業項目。比如說，對下屬，副手就是管理者，應當懂得一些經營之道和管理之道，為了加強管理，還應該懂得一些心理學和行為學；而對於主管，他又處在下屬的位置，所以還要學習一些與主管溝通的技巧與學問。

我們現在所處的這個時代，已是知識資本化、創新加速化、教育終身化、生產敏捷化、組織網路化的嶄新時代。要想生存得更好，只有一條路可走，那就是增加學識，不斷豐富自己的大腦。而吸取知識的有效途徑，就是隨時隨地進行學習，用新知識、新觀念來充實自己的頭腦，要學會怎樣把知識變為能力，用知識豐富想像，不斷推出新的點子、方法或謀略，善於靈活運用所掌握的知識去參與競爭，提高自己的工作效率，從而使自己的人生發展一路暢通。

總之，想要成為一名優秀的副手，你必須看到自身在知識上的欠缺和不足，並積極行動、迎頭趕上。

建構合理的知識結構

在知識更新十分迅速的今天，即使一個副手的知識結構真的能夠達到較為理想的格局，也不能放棄學習。

在企業或組織的管理層中，副手一般處於中上層的位置，雖不一定是身處於頂峰，但是絕對有著不可或缺的重要作用。嫣然站得高，就應看得遠，為企業或組織的發展壯大，盡顯英雄本色。

中國有句俗語：「非學無以廣才，非學無以明識，非學無以立德。」知識結構始終是一個人素養的一個重要內容。

量子力學的創始人之一海森堡，是一位具有廣博知識的物理學家，一九二七年他又推算出不確定性原理，因而獲得了一九三二年諾貝爾物理學獎。

第二次世界大戰以後，德國聯邦政府建立了龐大的研究機構——馬克斯．玻恩研究所，請海森堡出任所長，並為他配備了五十多位博士。該所經費充裕，人才薈萃，可是一直到海森堡去世，該所都沒有創造出為世人注目的研究成果。在專業上創造出卓越成就的物理學家、諾貝爾獎得主海森堡，並沒有在馬克斯．玻恩研究所所長的職位上顯示出與其專業成就相稱的領導才能。

由此可見，具有廣博知識的傑出專家未必就是一位卓越的領導。所以對待副手的知識結構的態度也要從一定的客觀角度來考慮，副手需要知識，但是有知識只是一個優秀的副手的必要條件，而不是充分條件。

那麼，副手應該具備什麼樣的知識結構呢？

很多學者將T型知識結構定義為副手的最佳知識結構。所謂T型結構是指領導者應該是「專家中的雜家，專才中的通才」。T型知識結構表示副手在走上領導職位之後，必須經過「先專後博，一通百通。」的過程。在開始階段，副手會對某一專門的業務領域有過較深的研究，此後他會逐漸涉足各種社會科學以及自然科學領域，尤其對領導科學和管理科學較為精通，集「專」與「博」於一身，能綜合運用各類知識，使其在管理中發揮作用。只有這樣的副手才有別於不懂專業的管理者，又不同於只有專業知識不懂管理的專家。也只有這種T型知識結構的人才，才是企業最理想的副手。

客觀的說，這只是一種理想的結構，大部分副手是無法達到這樣的一種知識結構的，這些專家學者以他們期望的副手為目標設計了一個企業領導人的知識結構：副手的知識結構應該達到「3個基礎、5根支柱、2個專長」這樣幾個層次。3個基礎指的是工作技術所需的人文科學、基本理論、經濟學。5根支柱指的是工程技術、管理數學、部門經濟學、電子電腦、社會學。2個專長指的是專業知識的2個領域：一是技術經濟學、生產經濟學、管理經濟學，另一個是生產組織管理方面的專業知識。

如果你仔細分析一下副手的實際狀況，就會發現，即使最優秀的企業家，也很少能達到這樣的知識標準——這似乎在要求一個天才承擔企業領導的角色，而在現實中這類人幾乎是沒有的。

所以，我們就應該對副手的知識和知識結構採取一種客觀的態度來對待：

1. 以現實為基礎。

對於副手而言，要以現有的知識水準和知識結構為依據進行領導，可能現在的知識水準和知識結構很難在短期內得到改變，但是對於自己未能達到的知識水準和領導知識結構不能自卑。

事實上，要求一個副手能通曉各個領域的知識，既能做高級的工作也能做基層的工作是不現實的。企業確實需要懂得各種技術、各種知識以及精通當代世界經濟和錯綜複雜政治情況的副手。然而這些知識中的每一類，都有著廣博的領域，即使一個副手窮畢生之力從事這一領域的研究，也不可能完全掌握。

2. 以領導者的理想知識結構為參照，努力提高自己的知識水準，完善自己的知識結構。

對於專業知識缺乏的副手而言，要想做到有效的領導在短期內可能比較困難，然而這種狀況不能持續太久。他應該試著去找出哪些方面在職能上是重要的，找出誰在擔任什麼樣的角色，以及其中有無問題。了解了這些問題後他就跟主要人員進行一系列的溝通，以便能對情況和資料得到澈底的了解。這樣他就逐漸知道自己必須在哪些方面加緊學習了。

而且，對於副手這一特殊職位來說，只具備了知識結構還是不完善的，知識素養也不可缺少。知識素養包括知識結構的合理化。在實施領導行為的過程中，知識素養決定著副手的思想理念和思考方式，而思想理念和思考方式又決定著副手的行為方式。如果把知識比做營養的話，營養本身是不能保證身體健康的，只有透過合理的營養才能達到健康的目的。沒有合理的知識結構，即使學識再深也無濟於事，甚至是危險的。

此外，作為一名副手，還需要具備的是一種合理的知識結構，這一結構主要包括：社會生活知識、政治理論知識、經濟理論知識、管理專業知識和成才創新知識等等。有一句名言：「學無止境」，在知識更新十分迅速的今天，即使一個副手的知識結構真的能夠達到較為理想的格局，也不能放棄學習，只有這樣才能讓自己不落後於時代的要求。

總之，身為副手必須隨時「充電」，拓展自己的視野，不斷豐富自己的知識結構，才能在工作中融會貫通、舉一反三，做好自己的本職工作，並不斷自我提高和進步。

專業技能要精益求精

每一個組織或企業對副手素養的要求都是全方位的，不僅僅是道德品格和知識結構，專業技能更是不可忽略，因為它是檢驗副手是否能夠勝任自己職位的一個最直接的標誌。

目前，隨著經濟的迅速發展和科學技術的進步，各行各業的分工越來越細化。據統計，這個世界已經有了一千八百三十八種職業，並且還有逐年增加的趨勢。分工越來越細，專業化程度越來越高，使得每一個組織或企業對那些擁有專業技能、掌握精湛技術的副手求賢若渴。

專業技能水準的高低決定了副手在實際工作中能夠創造價值的大小，從而也決定了副手日後的成長態勢。作為一名副手，如果你對工作持以敷衍了事的態度，不願意潛心提高自己的專業水準，那麼你就很難在工作中實現成長，獲得成功。

試想一下，一個專業技能非常平庸的副手，如何能夠在工作中創造更大的價值，又如何能夠實現自己價值的日益成長、促進公司的不斷進步呢？

而且，組織或企業對副手在專業方面的要求更加精湛，舊的專業技能不斷被淘汰，取而代之的是新的專業技能。除了具有淵博的專業知識、嫻熟的職位技能、豐富的工作經驗外，具備高新專業水準將是競爭者必須具備的能力。專業資格認證、閱歷、知識水準、觀念等因素都在影響一個副手的成功機會，誰掌握了新的專業技能，誰就掌握了競爭的金鑰匙，用來開啟事業成功的大門。

富士通公司招聘副職領導者統一的要求是專業性，但是專業性與專業背景是不同的兩個概念。即對自己即將從事的工作，應聘者要有扎實的專業基礎，而專業背景可能指的是應聘者是否在大學裡曾經學過。相對而言，公司更在乎應聘者是否具有專業性，而不是他的專業背景。對於設計開發人員和非設計開發人員，公司均同樣強調應聘者精於此道，有發展的雄厚基礎和廣闊前景。

分工的發展，要求每個副手必須具備過硬的專業技能，必須在某個領域具備一技之長，正如管理學大師湯姆．彼得斯所說：「一切價值都是由專業服務創造的。」當今企業裡缺少的並不是那種空而全的管理型人才，而是那些在某個領域有特別高的專業技能的人才。

一位思想家也曾經說過：「如果你能真正做好一枚別針，應該比你製造出粗陋的蒸汽機賺到的錢更多。」的確，在現實工作中，作為一名副手，有一技之長本身就說明個人素養及職業素養上超過一般人。就價值而言，具有專業技能的副手能為公司帶來很大的利潤，是公司蓬勃發展的依託。

但是，在現實工作中，很多副手不能適應本職工作，就是因為他所具備的知識和技能與工作要求不相符。對於這一點，解決辦法就是：在本職工作中豐富自己的知識，提高自己的工作技能。這要求每一名副手除了要有堅強的毅力外，還須掌握科學的方法和具有足夠的自信心。

在組織或企業的內部，對副手的素養要求是全方位的，不僅僅是道德品格和知識結構，業務能力更是不可忽略，因為它是檢驗副手是否能夠勝任自己職位的一個最直接的標誌。副手要想具備出色的業務能力，首先就應該對自己的專業技能有所精通。

那麼，副手應該具備哪些專業技能呢？

1. 創新精神與策略遠見

為增強企業的可持續發展能力，副手的一項重要任務就是審批企業的中長期發展策略和規畫。所以，副手應具有挑戰自我的創新精神。善於集思廣益的分析和把握企業的發展方向，以使企業的發展策略能夠完善。

2. 業務和行業的敏感度

副手要對業務和行業趨勢、有競爭力的最佳模式和最先進的技術有一定的敏感度，能夠掌握業界的最新動態，並能夠適時的確定企業的發展方向和經營規畫。

3. 善於處理危機或突發事件的能力

企業在發展中總會不可避免的出現短期或長期的危機或不可預測的突發事件。這就要求副手能最大限度的降低負面效應，減少危機對企業生產經營的衝擊，帶領下屬共同努力，走出危機籠罩的陰影。

4. 專業的業務知識

一個組織或企業的副手如果不具備一定的專業知識，不懂得業務性質、業務流程和特點，那麼他就無法對可能出現的問題做出準確的判斷，不能輔助主管做出正確的決策，不能給下屬以正確的指導，也就必然會降低管理效率。

5. 洞察市場、捕捉商機的能力和出色的決策能力

在市場經濟條件下，誰能最先占據市場，誰就最能處於主動地位，爭奪市場的本質是爭奪顧客。副手面對複雜的市場，必須能夠迅速的捕捉商機並做出正確決斷，要能夠高瞻遠矚、深謀遠慮，能夠在重大、關鍵、緊急、總體問題上保持清醒的頭腦，善於抓

住機遇，抓住本質，抓住關鍵性環節，拿定主意、當機立斷，不為一時一事的得失所困惑，不優柔寡斷、也不魯莽從事，而是審時度勢，從多種方案中選出最佳方案，不失時機的做出正確的決策。

6. 成熟、自信和溝通的公關能力

一位成熟、自信的副手能夠把團體取得的成績看得比個人的榮譽和地位更重要。副手身為高層的決策人員，必須做到：對內以團結為己任，樂於傾聽不同意見，重視情感溝通，在堅持原則的前提下，把下屬緊緊的凝聚在一起，同心協力發展企業。對外要以提高企業知名度和社會影響力為己任，善於處理好各種公關網路建設，協調溝通好社會各界關係，這樣才能拓展企業的生存發展空間，為企業能夠在市場上立於不敗之地鋪平道路。

7. 經營策略規劃設計和組織實施能力

經營策略是企業為求得生存發展而進行的總體謀劃。在現今社會，企業面臨越來越激烈的競爭，在這種情況下，就要求副手要有策略頭腦，能夠為企業制定正確的策略決策，否則就會隨時被市場競爭的海洋所淹沒。而且，隨著資訊產業的興起，知識經濟要求企業生產出來的產品不僅是知識主導型產品，更重要的是無形資產。企業是否能夠創

造出信譽、名牌、知名度等無形資產，將決定企業的前途與命運。

所以，副手作為組織或企業的管理者，還必須能夠樹立策略投資觀念，由過去主要投資於機器、設備、廠房、生產線等有形資產轉到投資於更具策略性、長遠性的無形資產。

此外，副手也可借助淵博的知識、豐富的經驗、高深的技術與傑出的判斷力來贏得下屬的信服。總之，副手要想在該行業中站穩腳跟，做出一倍成就，就必須具備精到的專業技能，而且還要以精益求精的態度不斷提高自己的專業技能水準。

具備令人敬服的品格

作為一名副手，如果擁有了良好的個人品格，即使你的業務能力不怎麼好，主管也會信賴你，重用你的，你的下屬也會因為敬佩你的人品而甘願為你效力。

俗話說：「欲成大事者，先立身。」這裡的「立身」指的就是要有良好的個人品格。

諸葛亮才華橫溢，對劉備鞠躬盡瘁、死而後已，他的品德有口皆碑，與時刻偷窺帝王之位的曹操形成鮮明對比。正因為如此，劉備才能大膽托孤。

實際上，品格好也是作為優秀副手的首要素養，對於一人之下萬人之上的副手而言尤其重要。那些「品行不端」的副手，對於組織或企業而言，都意味著自己的高級管理層蘊藏著巨大的風險。

漢高祖劉邦的重要謀臣張良在年輕時，曾有過這麼一段故事。

有一天，張良散步來到一座橋上，對面走過來一個衣衫破舊的老人。老人走到張良身邊時，脫下腳上的破鞋子丟到橋下，對張良說：「去，把鞋撿回來！」張良當時感到很奇怪又很生氣，覺得老人是在侮辱自己；可是他又看到老頭年歲很大，便只好忍氣給老頭撿回了鞋子。誰知這老人竟然把腳一伸，吩咐說：「穿上！」張良更覺得奇怪，簡直是莫名其妙。儘管張良已有些生氣，但是他還是決定幫忙就幫到底，就幫老人穿好了鞋子。

老人穿好鞋，並沒有道謝，只是對張良說：「五天後的早上，你到這裡來等我。」然後揚長而去。

第五天一大早，張良來到橋頭、只見老人已經先在橋頭等候。他見到張良非常生氣：「跟老年人約好還遲到，這像什麼話呢？五天後早上再來吧。」說完他就起身走了。

到第五天，天剛濛濛亮，張良就來到了橋上，可沒料到，老人又先他而到。這回老人可是聲色懼厲的責罵道：「太不像話了！又遲到了！再過五天再來吧。」說完，十分生氣的走了。

張良慚愧不已。又過了五天，張良還不到半夜，就趕到橋頭。過了一會兒，老人來了，見張良在橋頭等候，他高興的說：「就應該這樣啊！」然後，從懷中掏出一本書來，交給張良說：「讀了這部書，就可以幫助君王治國平天下了。」說完，老人飄然而去。

等到天亮，張良打開手中的書，他驚奇的發現自己得到的是《太公兵法》，這可是天下早已失傳的極其珍貴的書，張良驚訝不已。

從此以後，張良捧著《太公兵法》日夜攻讀，勤奮鑽研。後來真的成了大軍事家，做了劉邦的得力助手，為漢王朝的建立，立下了卓著功勳、名噪一時、功蓋天下。

張良能寬容待人，至誠守信，做事勤勉，所以才成功。這也告訴我們，一個人不論做什麼，要想成就一番事業，加強自我品格修養是非常重要的。

實際上，成為一個優秀副手的關鍵，也在於他是否具有超過一般人的影響力，從而能有效的影響或改變下屬的心理和行為。品格修養就是產生這種影響力的主要來源。也就是說，一名副手能否獲得下屬的真心擁護，在很大程度上取決於他的品格修養。

那麼，副手應該具備哪些良好的個人品格呢？

1. 誠實守信

人無信不立，良好的信譽能給自己的生活和事業帶來意想不到的好處。誠實、守信是形成強大親和力的基礎，它會使上下左右的人都能夠相信你。

以誠相待是副手塑造個人魅力最重要的一環，大多數矛盾都能用誠實守信的辦法解決。只要真誠待人，就能贏得良好的聲譽，獲得他人的信任，將潛在的矛盾化解在無形之中，並讓自己的事業更順利。

也許你無法讓所有的人都喜歡你，但是至少可以讓大多數人都信賴你。誠實守信的副手，日久天長會逐漸擁有一種巨大的無形資產。因為每一個人都願意和這樣的人共事。

2. 謙虛謹慎

正所謂「三人行必有我師焉」、「弟子不必不如師，師不必賢於弟子」、「術業有專攻，如是而已」。一個人再優秀、再卓越，也不可能做到面面俱到，事事領先，更何況是在現今資訊技術迅猛發展的時代。因此，副手一定要本著謙虛的態度，在主管和下屬之間做到謙虛謹慎。

3. 寬容大度

古人云：「人非聖賢，孰能無過？」作為一名副手，如果擁有寬容之心，就會讓你的下屬對你產生感激之心，進而更加忠實於你。副手不僅對屬下要有寬容之心，有時候也需要對主管擁有寬容之心。

有時候，由於時機不宜，主管表現得有抗拒、反感之意，這類的障礙是時有之事。然而，遇有這種種障礙的時候，有遠見的副手必定立即設法迴避。在許多事件中，能夠稍微的退讓一步，反倒是使他達到真正的需求的妙策。

想要取得主管的認同，最佳的方法，就要懂得如何站在主管的立場為其著想。自己所堅持或是爭取的事情，如果能夠保障主管的權益，就容易取得他的認同，當然也能給他留下非常深刻的印象。

總之，作為一名副手，如果擁有了良好的個人品格，即使你的業務能力不怎麼好，主管也會信賴你，重用你，而你的下屬也會因為敬佩你的人品而甘願為你效力。

端正自己的工作態度

工作首先是一個態度問題。尤其是在競爭激烈的職場中，副手的態度決定著組織或企業的一切。

托爾斯泰曾說：「人生的樂趣隱含在工作之中。」在現實工作中，身為副手只有知道自己工作的意義和責任所在，才能不再把工作當成一種負擔，即使是最平凡的工作也會變得意義非凡，並會保持一種持久的自動自發的工作態度。

某知名連鎖超市的總經理陳小姐，剛剛從大學畢業就加入了這家世界最大的公司。由於對採購工作根本沒有任何經驗，當時的陳小姐工作進行得非常艱難，但是她始終堅持一個原則，隨時都要想著為公司爭取到最大的利益。

憑藉這種工作態度，陳小姐在工作中逐漸累積經驗，逐漸掌握了談判的要訣和技巧，同時注意把握一種雙贏，考慮到供應商的利益，終於打開了採購工作的局面。

就這樣，陳小姐從一個普通的採購升任到助理採購經理，再到採購經理，到現在已經成為總商品經理；如今，陳小姐已經被列為該知名連鎖超市的 TMAP 計畫培訓，這個培訓計畫的目標就是成為接班人，可能是上一級主管，也可能是更高的管理層，同事們都認為她會有無限量的上升空間。

在現實工作中，沒有任何一個人是輕易取得成功的，成功是一個長期努力累積的過程。作為一名副手，你必須要端正自己的態度，這樣才會把工作做得更圓滿、更出色，成為最優秀的副手，你的薪水也會得到相應的提升，你的事業也會因在這一過程中所獲得的知識和能力的提高而有所成就。

所以說，如果你想要成為最優秀的副手，辦法只有一個，就是端正自己的態度：

1. 服從但不盲從

作為一名副手，對主管正確的指示和命令，應當服從。服從不等於盲從，副手在對主管服從的同時，也要有自己的主張和見解，有自己的原則。

2. 決斷但不擅權

作為一名副手，自己職責範圍內的事應果斷處理，絕不拖延，事到臨頭須放膽，才是優秀的副手所為，但是決斷不等於擅權。副手遇事應多請示主管的意見。同時權重不可越位，尤其在重大問題或自己的職權外，不可自作主張。

3. 親近但不親密

在與主管相處時，既要堅持原則，又要講究方法，要把原則性與靈活性相結合。主管任務重、壓力大、責任多，身為副手應在生活上對主管體察入微、關心照顧，適度與主管親近，縮小彼此之間的心理距離。想主管之所想，急主管之所急，相互尊重和理解、關心和愛護中，使彼此友誼更加深厚，合作更為緊密，整體合作更為強勁。但是親近絕不等於親密。身為副手，不可因主管的親近而得意忘形，忽略了對其應有的尊重。

4. 自信但不自傲

作為一名副手，應該對自己充滿自信，保持自尊、自重。只有確信自己是公司的中流砥柱，從內心裡認同自己對公司來說不可缺少，才能贏得主管的青睞。而且，由內而外散發的自信，才能進一步贏得下屬的信任和尊重。

5. 尊上但不卑下

在日常工作中，對主管表示尊重是必要的。身為副手應時刻維護主管的地位。不在人前與主管爭論，不在背後與他人議論主管；當主管與你溝通時，應盡量客觀的敘述事實。但是尊上絕不等於卑下。一個在主管面前唯唯諾諾、見風使舵、奉承的人只會讓人生厭。作為一名副手，在尊重主管的同時，首先要尊重自己，不論何時何地，都要保持自己完整、獨立的人格。

6. 多聽但不封口

在與主管談話時，應態度積極，傾聽並思考。即使主管的話並不中聽，也要態度和藹，面帶微笑。切不可怒容滿面或無動於衷，甚至出語相譏。但是多聽絕不等於封口，在尊重事實的前提下，有理有據的表達自己的觀點，也會讓主管刮目相看。而且，在與主管交流時，要多聽少說，但是絕不是三緘其口。

7. 齊心協力但是不要落井下石

在工作中的挫折和困難是在所難免的，當逆境來臨時，一定要與主管齊心協力、風雨同舟，絕不可落井下石、隔岸觀火。患難之中見真情，能同甘更能共苦，才能與你的主管建立生死與共、牢不可破的友誼。

8. 勇於表現但不鋒芒畢露

在競爭激烈的現代職場，當時機成熟時，一定要勇於恰當的表現自己，才能充分發揮自己的職業素養和能力。但是勇於表現的同時，也要注意不可鋒芒畢露，只顧全自己，聽不進別人的勸阻或建議，甚至與整個部門背道而馳。

讓專精專業成為自己的發展目標

要想精湛的掌握專業技能，就把專精專業作為自己的發展目標。不斷激勵自己提高自身素養，在工作中追求盡善盡美，從而在競爭激烈的職場之中，讓自己脫穎而出，成為最優秀的副手。

在現實工作中，很多副手不能適應自己的本職工作，也許是因為他所具備的知識和技能與工作要求不相符，但是最主要的還是他們無法專精專業。在他的行業，他們沒有立足之地，只好退而求其次，同時怨天尤人，對於現在的工作也不去做到專精專業。

而對於這一點，唯一的解決辦法就是：在本職工作中豐富自己的專業知識，提高自己的工作技能。這要求每一名副手除了要有堅強的毅力外，還須掌握科學的方法和具有足夠的自信心。

作為一名副手，如果你能夠傾注你所有的力量在某一個專業領域，那麼成功之路不會顯得太遙遠。正如胚芽透過力量的積蓄最終鑽出地面一樣，竹子需要在地下長四年長到地上，然後長得一年比一年快，你也將透過持之以恆的努力逐漸的遠離平庸，擁有輝煌而壯麗的人生。

洛克斐勒是著名的石油大王，可是他最初在石油公司工作時，既沒有學歷，又沒有技術。起初他被分配去檢查石油瓶蓋有沒有自動焊接好，這是整個公司最簡單、枯燥的生產過程。每天洛克斐勒看著焊接劑自動滴下，沿著瓶蓋轉一圈，再看著焊接好的瓶蓋被傳送帶移走。半個月後，洛克斐勒忍無可忍，他找到主管請求改換其他工種，但是被拒絕了。沒有辦法，洛克斐勒只好重新回到焊接機旁，這次他卻有了不同的想法：既然換不到更好的工作，那就把這個不好的工作做好再說。

於是，洛克斐勒開始認真觀察瓶蓋的焊接品質，並仔細研究焊接劑的滴速與滴量。他發現，當時每焊接好一個瓶蓋，焊接劑要滴落三十九滴，而經過周密計算，結果實際只要三十八滴焊接劑就可以將瓶蓋完全焊接好。經過反覆測試、實驗，最後洛克斐勒終於研製出「三十八滴型」焊接機，用這種焊接機，每個瓶蓋比原先節約了一滴焊接劑。

就這一滴焊接劑，一年下來卻為公司節約出幾百萬美元的開銷。洛克斐勒想不成功都難。

洛克斐勒的成功首先得益於他的專精專業。對於那麼不起眼的工作，他都能夠深鑽細做，做出不朽的成績，那麼對於什麼樣的工作他不能勝任呢？一個人精通一件事，哪怕是一項微不足道的技藝，只要他做得比所有人都好，那麼他就能獲得豐厚的獎賞。如果他集中精力、堅忍不拔，將這門微不足道的技藝練得精湛，他也將有益於社會，並為此得到不斐的回報。

如果你現在能夠從事某一方面的專業工作，那麼最好的提升辦法就是在這一方面鑽研，直到達到別人無法達到的地步，那麼你還會離成功遠嗎？

「因紐特人原則」就是針對專精專業來說的。假如你在某雜誌上看到一篇相關因紐特人的文章，仔細讀過之後，對因紐特人的了解你就比其他人要知道得多。假如你再到圖書館把相關因紐特人的書籍都借來看，你就知道得更多。假如你去南極到因紐特人住地繼續研究，你就比任何一個人都知道得多。

這條原則告訴我們：不要害怕你選擇了一個比較狹窄專一的課題，只要你能夠反覆鑽研下去，就會成為這方面的行家。也就是說，只要你在某個狹窄的領域內比別人知道得多，那麼你就是這個領域的權威。進一步來講就是，假如在這個狹窄的領域你做得比別人更好，那麼，你將是這個領域的最大獲利者。

所以，作為現代組織或企業的一名副手，要想成為最優秀的，就必須在自己的專業技能上有比別人強的本領，而想要比人強，就要把專精專業作為自己的工作目標。這樣才能引起主管的注意，並受到同級副手的欽佩，從而奠定自己業務骨幹的地位，為今後的發展打下堅實的基礎。

總之，要想精湛的掌握自己的專業技能，就把專精專業作為自己的目標。不斷激勵自己提高自身素養，在工作中追求盡善盡美，從而在競爭激烈的職場之中，讓自己脫穎而出，成為最優秀的副手。

辦事能力要快速高效

是否能以最低的投入，換取最有效率的結果，將是主管考察副手是否合格、是否有發展前途的最重要標準。

在一個組織或企業的內部，優秀的副手不但是忠臣，更是能臣。而且，衡量一名副手是否既是忠臣又是能臣的重要標準，就是有沒有高績效思考。

二戰時期發生的一個故事，最能說明這個問題。

在第二次世界大戰時期，蘇聯軍隊準備在利沃夫方向實施重點突擊。為了轉移德軍的視線，減輕蘇軍在主要突擊方向上的壓力，蘇軍幾個集團軍的指揮官在一起商討把敵軍從主攻方向上調離，以分散敵人的兵力部署。圍著長會議桌，指揮官們提出了一個又一個方案，可是由於種種原因，一個接一個都被否決了。

後來，少校瓦里特獻計道：「我只需三十個士兵和三十輛汽車就足夠了。」當瓦里特少校輕聲的這麼一講，許多指揮官們都向他投來了懷疑的目光。因為瓦里特的方案是：僅僅派十八集團軍的三十個士兵，組成兩個十五人的小分隊，各帶手電筒，並分乘汽車，模擬了機械化部隊利用夜晚向集中地域開進的動作。當德軍偵察機出現時，他們向天空打開所有的手電筒，吸引飛機的視線，而當德機飛臨「行軍縱隊」上空時，又故意全部熄滅手電筒，給敵機一種躲避對方偵察的錯覺。

第二天晚上，德軍的夜間偵察機在斯塔尼斯拉夫卡地區，突然發現了一支悄悄行動著的蘇聯軍隊。於是，偵察飛行員把偵查結果報告了上級。上級命令：「緊密偵查該地區。」

第三、第四天晚上，偵察機加強了對斯塔尼斯拉夫卡地區的偵察。幾天來的偵察顯示，蘇軍部隊的確在祕密進行轉移。情報自然匯總到了德軍指揮部。指揮官們立刻召開了敵情分析會，大家一致得出結論：斯塔尼斯拉夫卡地區一定是蘇軍的主攻口，必須進行重點防禦。

不久，在利沃夫地區執行防禦任務的一個德軍坦克師和一個步兵師接到命令，調往斯塔尼斯拉夫卡地區布防。可事實上，他們被瓦里特牽著鼻子走了。

德機飛過後，「行軍縱隊」再一起打開手電筒，繼續模擬機械化部隊的開進動作。就這樣幾個回合，德軍果然中了圈套，用三十個人就成功牽制了德軍兩個師。

作為現代企業的一名副手，更多的是承擔著一個團隊的成敗榮辱，所以他不僅扮演著領頭羊的角色，更扮演著指揮家的角色。領頭羊是身先士卒的，路上有荊棘，它會第一個為群羊開道；前面有岔路，它會憑經驗作選擇。正因為它永遠站在第一線，所以是最具威望的。指揮家是善於作戰的，他必是高屋建瓴、看清大局，即使面對千軍萬馬也從容不迫，指揮若定。所以優秀的副手，既是領頭羊，更是指揮家。

副手的工作紛繁複雜，主管交代的任務要快速執行，下屬的問題也要盡快解決，也許你每天努力工作，都看不到效果，以下有幾種提高工作效率的方法，相信會對你有所幫助：

1. 列出工作計畫，並且用明顯的方式提示你完成的進度

工作計畫是必不可少的。這種計畫並不是為了向主管匯報，也不是為了給自己增加壓力，而是為了有序的安排它們，讓自己記住有哪些事情需要去做，而不是被無形而又說不清楚的工作壓力弄得頭暈腦漲、煩躁不已。

2．不要猶豫和等待，立即行動

沒有任何工作會因為迴避它而自動消失，沒有任何煩惱會因為不去想它而煙消云散。所以在面對困境時，身為副手沒有別的選擇，只能去面對，只能去迎接任何挑戰。世界屬於那些善於思考，也善於行動的人！

在日常工作中，副手具備了快速高效的辦事能力，不僅能在主管那裡贏得好感，更加重用你，而且下屬也不會偷懶，從而提升整個部門的辦事效率。

3．把工作分成「事務型」和「思考型」分別對待

所有的工作無非兩類：「事務型」和「思考型」。「事務型」的工作不需要動腦筋，可以按照所熟悉的流程一路做下去，並且不怕干擾和中斷；「思考型」的工作則必須集中精力、一氣呵成。

對於「事務型」的工作，可以按照計畫在任何情況下順利處理；而對於「思考型」的工作，必須謹慎的安排時間，在集中而不被干擾的情況下進行。對於「思考型」的工作，最好的辦法不是匆忙的去做，而是先在日常工作和生活中不停的去想。當思考累計到一定時間後，再安排時間集中去做，成果就會如泉水一般汩汩而來，需要做的只是記錄和整理它們而已！

4. 節約時間，安排好隨時可進行的備用任務

在日常工作中，我們通常會遇到這樣的情況：需要打開或下載某個網站內容，網路速度卻慢得像爬蟲；離預定好的約會還有半個鐘頭的空餘時間；焦急的等待某人或某事，卻不知道他什麼時候會到來；心情不好或情緒差，不想做任何需要投入精力的工作；所有任務都已完成，而下班的時間還未到來。

在通常情況下，人們會採用兩種方法去對待：或者百無聊賴的等待，或者隨便拿起一項工作來做。實際上，對待這樣的空白時間最好的方法是：預先準備備用的任務，而利用這樣的時間去進行，而不是完成它。

5. 每天定時完成日常工作

副手每天都需要做一些日常工作，以便和別人保持必要的接觸，或者保持一個良好的工作環境，這些工作包括查看電子郵件，和主管或下屬交流等等。這些常規的工作雜亂而瑣碎，如果不小心對待，它們可能隨時都會跳出來騷擾你，使你無法專心致志的完成別的任務，或者會由於疏忽帶來不可估量的損失。

處理這些日常工作的最好的方法就是定時完成：在每天預定好的時刻集中處理這些事情，可以是一次也可以是兩次，並且一般都安排在上午或下午工作開始的時候，而在

其他時候，根本不要去想它，除非有什麼特殊原因，否則，強迫自己在預定時刻之外不要查看電子信箱，不要去找主管匯報工作。處理這些事務的效率才會提高，並且不會給你的其他主要工作帶來困擾。

「大贏」必先有大格局

當一名副手擁有前瞻性的視野時，就會超越層層阻礙，主動挑起大梁，承擔起壓力和責任，甚至是額外的壓力和責任。而這一切，帶給副手自身的，將是無限的發展機會。

在一個組織或企業的內部，副手的發展靠什麼？能力？才華？勤勉？誠然，這些都與副手的發展有著緊密的關聯，卻並不是根本因素。什麼才是決定副手發展的根本因素呢？

經過對世界一流管理者的分析、研究，我們發現，有很多主管都是從副手成長的。他們雖然性格、喜好、行事方法各有不同，甚至風格迥異，但是有一點卻是相同的：具有大格局！

管理界有這樣一句格言：「格局決定視野、視野決定策略、策略決定行為、行為決定習慣、習慣決定格局。」在一個日益國際化的競爭環境中，一個副手的視野有多大，往往就能決定他的舞台有多大，而一個副手視野的寬窄和格局的高低往往決定了一個企業的規模、贏利能力甚至所能達到的層次，企業之間的競爭最終比的是視野和格局。

有媒體曾報導這樣一則消息：

某集團現任董事長林先生的年薪已經達到了兩千多萬元！此時，他不過才四十歲出頭。林先生初入該集團時，只不過是一名普通的銷售員。可是短短十幾年，他就成為該集團的董事長。

林先生為什麼能夠獲得如此迅速的發展？

有記者曾就這個問題向前任高姓董事長提問：「集團內部有許多中高層管理者，他們的資歷都比林先生深。為什麼您決定提拔一位年紀輕輕的副手，讓他擔任如此重要的職務呢？」對此，他的回答是：「我研究他已經很長時間了。之所以最終選擇他當接班人，是因為他有著不同常人的大格局。」

為什麼前任董事長會這樣說？他所指的對林先生的深刻印象，源於一次通話。

有一次，高董事長給林先生打電話，說要派他去夏威夷參加全球代理商大會。林先生卻回答說：「最近銷售上的事情特別多，我實在忙不過來，能不能換具體管業務的經理去？」這一回答讓高董事長大為感慨：「當時出國風非常盛行，無論誰有了出國的機會都非常高興。林先生很早就想出國，但是他卻說讓別人去，而且口氣非常自然，絕對沒有給我好像他有多厲害的感覺。」高董事長對林先生良好的印象，就這樣產生了。

當然，林先生之所以後來有這麼大的發展，絕不僅僅只是這樣一件事情。

透過對林先生成長歷程的分析，我們得出了他與一般副手最大的不同：公司利益放前面，自我擺後面。面對出國的機會，林先生沒有考慮自己的利益，而是首先想到眼下的工作不允許自己出國，想都沒想就讓給了別人。

在任何一個領導者眼中，像林先生這樣的副手，必是最值得委以重任的，而林先生也因此成為高董事長眼中的最佳接班人選。

然而，在很多現代組織和企業中，都存在著這樣一種現象：有的人由於卓越的表現，被主管提拔到副手的位置上，但是在此後的很長時間內都停滯不前、沒有發展。很多副手都曾經或正在經歷這樣的發展瓶頸。為什麼呢？原因就在於這些副手們停留在自己過去的卓越中，只圖安逸、沒有超越。

透過林先生的案例，我們不難發現，副手並非無法突破，而打破這一瓶頸的最好方法，就是——格局！當一個副手擁有了一流格局時，就會超越層層阻礙，主動挑起大梁，承擔起壓力和責任，甚至是額外的壓力和責任。這一切，帶給副手自身的，將是無限的發展機會。

彼得．杜拉克說：「每當你看到一個偉大的企業，必定有人做過偉大的決策。」作為一名副手，格局並不是單純的眼光，而是深耕於腦海的思考方式，是一種策略定位。有大格局的副手心中定有大格局，他們在行業一公尺之外的地方俯瞰全方位，他們懂得走得快不如走得早，於是敏銳的找到行業的藍圖，不戰而屈人之兵；他們懂得與其謀求，不如創造；他們把好東西和敵人分享，為的是更大的做大市場；他們把企業發展的終極目的定位於滿足人類靈魂深處的需求；他們追求陽光下的利潤，用文化彰顯力量。

總之，所有組織或企業的副手們都應牢記：大格局，才生大胸懷；大格局，才有大作為。

問題思考：

1. 通讀本章並結合實際工作，想一想「素養」在工作中對每一個副手的重要性？
2. 假如你是某組織或企業的副手，你認為你的個人素養在哪些方面需要改善？

3．假如你是某組織或企業的主管，想一想你對你的副手在提高個人素養方面還有哪些要求？

行動指南：

從現在開始，不要貪圖安逸，從各個方面來提高自己的素養，相信你的境況一定會因此而改變。而且，在這一段時間之內，把所有的變化記錄下來。

第二章　加強修練，提高素養：培養副手的特質

第三章

磨練能力，駕馭局勢：鍛鍊副手特有的能力

在複雜多變、充滿競爭的現代社會裡，副手作為領導集團成員之一，其領導能力和水準不僅僅是個人的私事，也是關係到事業發展的一件大事。所以，身為副手只有不斷開發自己的能力、培養自己的能力、提高自己的能力，才能在領導職位上駕馭全方位，創出佳績。

能力是完成任務的根本保證

想要成為一名優秀的副手，必須要練好深厚的內功，這需要具備兩個條件：一是要知道自己的弱點，努力找到並加以改正。二是要努力培養自己所處職位應具備的各種條件。

在現今激烈的競爭環境中，優秀的人才永遠緊缺，而綜合能力與素養過硬的副手更是備受組織或企業青睞的人。

「優秀人才永遠緊缺。」某國際企業亞太地區人力資源總監陳小姐在面對記者的採訪時這樣說道：「我們所指的優秀人才，是在聘用過程中能夠表現出的綜合素養和發展潛力的人，而不僅僅是以往的工作成績。」和該國際企業一樣，很多企業也都這樣來定義自己所需要的優秀人才，在招聘副手時更看重應聘人員的綜合能力和素養。

而且，隨著人力資源考評系統的日益完善，許多企業正推崇一種開放性競爭。這種開放性競爭不限應聘者學歷、不限應聘者專業、不限應聘者經歷，而把注意點聚集在求職應聘者本身的能力與素養上。他們希望這種開放性競爭能夠激發每個應聘者的潛能，充分展示自我才華，做自己想做的事。

張小姐是一個非常能幹的女孩，大學畢業後換了三份工作，主要問題出在總喜歡抱怨、發牢騷。張小姐大學剛畢業在機關裡當祕書，當時她衝勁十足，不管是不是她職責範圍內的工作，只要有人分配任務給她，她從不拒絕，總是盡力而為。一年下來，她在單位裡混了個好名聲。到年終時，單位裡有一個升遷的機會，需要從新分配來的人當中挑選一個當做培養對象。私下裡人們都認為非張小姐莫屬。

可是後來挑中的卻是另一個人。據說，她是某個領導的姪女。大家對這種「舉賢不避親」早就習慣了，可是張小姐心理卻憤憤不平，抱怨甚至牢騷滿腹。幾個月之後索性辭了職。

這一次，張小姐選擇了合資企業。透過公開招聘的方式進入了公司後，張小姐仍然堅持做出成績、效益證明一切的原則，工作賣力，態度認真，業餘時間還自費進修。在公司裡很快得到了認可，國外來的主管也把張小姐作為心腹。這時，雖然她心裡很充實，但是有時仍然抱怨工作的辛苦。兩年以後，張小姐已經升遷到主管。

沒過多長時間，國外來的主管被召回總公司，張小姐的位置也由上級派人來接替了她，張小姐仍然是一個副手。這時張小姐也感覺到自己的前途到了終點。

後來，張小姐又轉行做起了圖書編輯工作，自己找主題，自己盯流程。張小姐認為自己像個自給自足的農民，不過現在她的抱怨已經沒有什麼焦點，她的表情也沒有了什麼鋒芒了，顯得越來越成熟。

張小姐的這個案例告訴我們，練好內功是非常重要的，尤其是對於一個副手而言。要練好自己的內功，需要注意以下兩點：

1. 要知道自己的弱點，努力找到並加以改正
2. 要努力培養自己升遷所應具備的各種條件

在現實工作中，影響一個人「能力」的形成與發展的因素也是多種多樣的，概括主要包括：

1. 社會實踐

自然素養和環境教育相互作用的結果形成了能力，但這種相互作用又是透過社會實

踐來實現的。副手是在工作實踐中鞏固、掌握和發展自己的能力的。

2. **自然素養**

自然素養也就是副手的生理特點和機能，它是副手能力形成和發展的自然前提和基礎。沒有這個前提和基礎，任何能力都無從談起。但是，自然素養並不等於能力。

3. **自身努力**

自身的努力是副手能力得以發展的主觀因素。在相同的環境和教育條件下，一個副手的自身能力發展水準的高低，主要取決於自己的主觀條件。

4. **環境和教育**

在現實工作中，能力並不是隨著副手生理成熟而自然形成和發展的，而是在自然素養基礎上，透過後天的環境和教育的作用，逐漸形成和發展的。社會環境是副手自身能力的形成和發展的客觀條件和源泉，而教育幫助能力的形成。

而且，以上各種因素的不同，使得副手在能力上必須存在著許多甚至很大的差異：

1. **能力表現早晚的差異**

一個人的能力表現早晚是各不相同的，因此也就有了「早熟」和「晚熟」的概念。能力的衰退也有早晚的差別，有些能力形成的早，有些能力則形成的晚。年長的副手一般在工作經驗上要超過年輕的副手，而在創新和開拓能力，以及適應新環境的能力方面，年輕的副手則可能超過年長的副手。

2. 能力類型的差異

能力類型的差異主要表現在以下兩個方面：

1. 能力的知覺差異

主要是指人有綜合型知覺，即知覺富於概括性和整體性，但是分析力較差；分析型知覺，即知覺分析力強，對細節感清晰，但是整體感較差；綜合分析型知覺，兼有上述兩種類型的特點。

2. 能力記憶差異

根據記憶時起主導作用的分析的不同，可分為：聽覺型，即聽覺記憶效果好；混合型，即各種記憶綜合使用時，效果較好；視覺型，即視覺表象清晰，過目不忘，有強烈的視覺感；動作感覺型，即動作感覺深刻，越有動作時越記憶效果好。

3. 能力思考的差異

能力思考的差異主要是指在思考方面，人具有抽象思考、形象思考、具體思考和邏輯思考的區別。此外，人們在思考的方法上、速度上以及思考的獨立性和靈活性方面也有所不同。由於能力類型的差異，副手在工作實踐中處理和解決問題的方式方法是各有千秋、各具特色的。所以，身為副手只有了解自己的能力特點，才能夠在實踐中真正發揮自己的作用，發揮自己的優勢。

4. 能力水準的差異

能力水準的差異，也就是指量的差異，主要是指同齡人之間有聰明和愚笨之分。心理學家的研究顯示，全人口的智力分布基本上呈現正態分布，即兩頭小，中間大，超常的天才人物和低常的愚笨人物各約占千分之三。各種能力在發展速度上也不相同，某些能力發展較早，某些能力則發展較晚，各種的衰退情況也不相同。

副手能力發展程度的差異，可分為以下四個等級：

1. 能力低下：即只能完成簡單的副手工作，有時甚至無法完成事情。
2. 一般水準：即有一定的特長，但是只能完成一般性的工作。
3. 才能：即具有較高水準的特長，有一定的組織能力和創造力，能夠較好的完成工作任務。
4. 天才：即具有高水準的特長，善於在活動中進行創造性的思考，引發靈感，表現創造力，因而活動成效突出而且優異。

勤奮是優秀副手的最大優點

「世間自有公道，付出總有回報」，抱著「俯首甘為孺子牛」的精神，勤奮踏實，積極進取、鍥而不捨，這樣的副手一定會被主管賞識並且能夠脫穎而出！

魯迅先生的「俯首甘為孺子牛」的詩句，成為歌頌默默奉獻者的耳熟能詳的句子，也使老黃牛的形象深入人心。提起牛，人們總會聯想起吃苦耐勞、任勞任怨、鞠躬盡瘁等一連串的溢美之詞。而且，在很多人的心中，都已經把牛與勤奮畫上了等號。

「業精於勤，荒於嬉」，機會總是垂青於那些勤奮努力、早有準備的人。如果一味懶惰，不思進取，即使機會來臨也會失之變臂，任何目標和夢想也終是水中月、鏡中花。而且，副手作為組織或企業的管理者，既要處理領導交代的很多瑣碎的日常事務，也要做好負責統籌管理下屬的工作，所以需要投入體力腦力。承擔如此全面的責任，沒有一種老黃牛的精神，事事拖拉，推三阻四，只會造成事務堆積、雜亂無頭緒，更談不上輔佐好主管，為其獻幫獻策，發揮主觀能動性的作用了。

勤南曾說：「天才就是最強有力的牛，離不開勤奮。身為副手除了勤奮敬業以外，沒有其他捷徑可走。具體說來，副手的勤奮就是有恆心的學習、探索別人的經驗。而副手應該以公司整體事業的發展為重，給主管提供更多有價值的合理化建議。」

有這樣一個故事，很值得每位副手一讀。

國外有一位做建築生意的富翁，住在城市的富人區。每天早上富翁去自己的公司時都要經過一個綠化公園。這天富翁從綠化公園經過時，看到一個衣衫襤褸的中年乞丐在那裡乞討。出於惻隱之心，富翁掏出一千元放在乞丐手裡。乞丐欣喜若狂，好幾天都沒有要到錢了，而且多數施捨者給得最多的也不過是幾塊錢。

第二天，富翁從他身邊經過，如他所願，照樣又給了他一千元。以後每天乞丐都早早來到綠化公園，等著富翁的施捨，富翁也照舊每次經過時都給他一千元。每次乞丐拿到錢後，都興高采烈的回家睡覺。

如此過了整整一個月。這天早上，乞丐在綠化公園乞討，等了很久都不見富翁，正心中困惑時，富翁從遠處走過來，經過乞丐身邊時，富翁停下腳步，這次他沒有給他一千元，卻對他說：「知道你為什麼一直都做乞丐嗎？不是別人逼你，是因為你自己的懶惰。多年前，我也是流浪他鄉，身無分文，後來我靠借來的三萬元做小生意，每天辛苦工作，慢慢有了今天的成就。現在的你也苦於身無分文，但一個月以來，我已經給了你三萬元了。」

富翁言下之意，是說已經有了三萬元的乞丐，沒有想過從此拋開懶惰，勤奮進取，不一定要開創事業，但是起碼應該做到自食其力。

實際上，在一個企業或組織的內部，副手的職位不上不下，身分不高不低，但是工作內容複雜，往往會面臨很多棘於的問題，非勤奮進取不能應付。這就要求副手自身一定要有一馬當先、勇往直前的精神和勇氣。不論遇到什麼難題，都必須想辦法克服和解決，而不是一味的躲避，問題只會越躲越多，而不會自己消失。

此外，副手在做好本職工作的同時，除了勤奮進取外，還要有牛的耐力和韌性。

有一家大型企業的人力資源部正在對招聘一名主管，除了專業知識方面的問題之外，還有一道在許多應聘者看來似乎是小孩子都能回答的問題，但是正是這個問題將許多人拒之於公司的大門之外。題目是這樣的：

如果在你面前有兩種選擇，第一種選擇是，挑兩擔水上山給山上的樹澆水，你有這個能力完成，但是會非常累。另外一種選擇是，挑一擔水上山，你會輕鬆自如，而且你還會有時間回家睡一覺。你會選擇哪一個？

大多數應聘者都選擇了第二種。

當人力資源部主管問道：「挑一擔水上山，沒有想到這會讓你的樹苗很缺水嗎？」

遺憾的是，許多人都沒想到這個問題。

但是，有一個小夥子卻選擇了第一種做法，當人力資源部主管問他為什麼時，他說：「擔兩擔水雖然非常辛苦，這是我能做到的，既然能做到的事為什麼不去做呢？更何況，讓樹苗多喝一些水，它們就會長得很好。就更有這樣做的必要了。」

結果，只有這個小夥子被留了下來，最終成為了一名優秀的主管。

其實，這是一個很簡單的題目，裡面蘊含著豐富的內容，往往越是簡單的問題越能看到一個人本質的那一面。由於簡單，就不考慮，就更是出自內心的真實回答，就越能檢驗出一個人的真實品性。

如果挑水上山是一個人的職業，那麼為什麼不盡可能的多挑一擔水，讓樹苗長得更好呢？每個人都有挑水的能力，但是只有勤奮的工作態度才能夠讓一個人具有最佳的精神狀態，才能將自己的工作能力發揮到極致。

這個故事很有啟發意義，它告訴每位副手，在現實工作中，勤奮是優秀副手的最大優點。對於一群能力相當的人而言，勤奮的工作態度無疑起到了決定性的作用。

俗話說「一勤天下無難事」，便是說機會只鍾情於埋頭苦幹的人。要想攻克難關，沒有吃苦耐勞的精神是不能夠做到的。

如果不能用「勤」字來努力，如果吃不了勤中之苦，怎麼能夠出人頭地，獲得圓滿人生呢？古今中外，凡有建樹者，在其歷史的每一頁上，無不用辛勤的汗水寫著一個閃光的「勤」字。

邱吉爾在二戰期間一天工作十六個小時，英國首相柴契爾夫人也具有過人的精力，她是一個「靠自己的奮鬥獲得成功的女士」。她很少度假，每天睡眠不超過五個小時，她從低微的下層工作開始，經歷了漫長的過程，成為歐洲歷史上第一位女首相。

一位卓越的企業家在闡述自己的成功之道時，也特別提到自己的座右銘：「勤奮的工作，刻苦努力的鑽研，比黃金還要寶貴。」他告訴每一位在職員工：「我之所以有今天的成就，全在於這幾十年中，在工作上遵從『勤奮』二字所致。不急躁，持之以恆的勤奮下去，所以我成功了。」

總之，在實際工作中，不要怕不被理解和重用，因為「世間自有公道，付出總有回報」，抱著「俯首甘為孺子牛」的精神，勤奮踏實，積極進取、鍥而不捨，這樣的副手還怕不能為主管賞識而脫穎而出嗎？在很多時候，只要再多堅持一秒鐘，就會峰迴路轉、柳暗花明，抵達成功的彼岸。

創新是副手必備的能力

一個有創新意識的副手，會時刻注意市場的動向，對事物的細微變化都非常敏感，所以他也就能夠隨時抓住機會，為組織所用。

經濟全球化和知識經濟的挑戰需要創新精神，二十一世紀賦予我們的使命需要創新精神，正確有效的發揮領導職能需要創新精神。而且，創新能力是副手必備的素養，也是時代對副手職位的迫切要求。

約翰．洛克斐勒說：「如果你要成功，你應該朝新的道路前進，不要踏上已被成功人士踩爛的道路。」我們可以套用一下這句話，如果一位副手希望成功，就要主動創新，而不是跟在別人的後面。而一個優秀的組織或企業，也必然需要一批主動創新的副手。

被譽為「經營之神」的松下幸之助有句名言：「如果你有智慧，請奉獻你的智慧；如果你沒有智慧，請奉獻你的汗水；如果兩者你都沒有，就請你離開公司。」從這句話中，我們可以看出什麼是領導最看重的能力，什麼是副手發展的關鍵。那就是創新能力！創新型的副手是組織和主管最看重、最需要的。

或許有很多副手會問：「難道勤勞苦幹就不被主管看好嗎？」當然不是。勤奮的副手到哪裡都會被主管看好，而踏實勤奮也是一個優秀的副手必備的基本素養。但是能夠被主管重視、欣賞的副手，必然是創新型的。他們超越了汗水型副手，成為智慧創新型的副手。

最優秀的副手，絕不是「埋頭苦幹」、流血流汗、老黃牛似的員工，他們更懂得運用智慧來解決問題。在經濟飛速發展的當今，「老黃牛」式的汗水型副手，已遠遠跟不上組織的需要了。組織最需要的是超越了汗水型的智慧型副手。如果你還是在按部就班的工作，還是只管埋頭做工作、不知低頭思考的話，那麼你的前途也就只能是「數十年如一日」，很難有更大的發展。最優秀的副手是智慧型副手。他們絕不會「埋頭苦幹」，而是懂得如何運用智慧解決問題。

某知名電器集團業務部門的一位副手孫先生，在他剛剛進集團時，該集團已經是國內著名的電器品牌了，他是懷著遠大的理想進入公司的。

然而，讓孫先生難以想像的是：在市場上火熱的僅僅是電冰箱和洗衣機，他被分到的是剛剛起步的電熱業務部門，負責的是小家電——熱水器和微波爐。這無疑是給本想大展抱負的孫先生澆一盆涼水，剛開始時顧客問：「你們也出微波爐嗎?」他就會尷尬萬分。那時，微波爐和熱水器月產量不足萬台，連同行也說：「小家電不是該集團的強項……。」

不久後，孫先生開始理性的思考自己部門的前途：隨著人們消費和住房品質提超，熱水器和冰箱、空調一樣，也一定會在家庭中普及，因而小家電孕育著大市場。而要使小家電在市場上占有優勢，就必須在原有的基礎上做出創新，不論是產品的性能還是品質，都要做到第一。經過一番思考和調查後，孫先生決定把電熱水器的研發作為部門發展的突破口。此時，已經有很多媒體報導了電熱水器因為品質不好而傷人的事件，這給孫先生很大的觸動；假如能夠使電和水分離，是否就能夠避免傷人事件的發生呢？之後電熱業務部門全體員工在孫先生的帶領下，全力投入到這項創新研發中去。

一九九六年，該集團生產了第一台水電分離式熱水器，一進入市場就被搶購一空。從此，該集團在小家電業開始占有一席之地。而原來被稱為「冷門」的電熱業務部門，此時也成為該集團的驕傲。

然而，這樣的成績並沒有讓孫先生滿足，因為他知道，在市場上只有不斷的創新，才能不斷的發展。不久，在大家的努力下，又開發了多種熱水器。目前，電熱業務部門已經成為最具競爭力的部門。

電熱業務部門的成功，值得每個人借鑑。最優秀的副手是能夠帶領部門進行主動創新的員工，他們不僅為自己，更為組織贏得了發展。對於很多副手而言，創新並不僅僅落腳在技術研發上，能夠在制度上有所建樹，進行改革，也是非常好的創新。

副手的創新能力是其作為現代企業的經營決策者所獨有的。它是副手憑藉個人非凡的膽識和對問題的敏感。透過深入詳細的觀察和全面綜合的分析，獨立的發揮創造性思考，為開發市場的新產品、新服務，爭取實現企業生產、經營活動預定目標的能力。假如一個副手缺乏創造力、開拓力，不進行觀念革命、思考突破，是很難打開工作局面的。

「一個不想當將軍的士兵不是一個好士兵」，要想成為一名優秀的副手，就必須學會在自己的業務中不斷挖掘新的思想、新的理念和新的管理方法，並且要將這些新的意識應用到自己的業務工作中，使其能夠在企業管理中發揮效用。

匈牙利數學家魯比克發明了「魔術方塊」，然而他和他本國的玩具廠商卻沒有發現魔術方塊的潛在價值，倒是一個精明的美國商人買下了他的專利權，拚命生產，風靡全球，一下子帶來了巨額的利潤。

現實就是這樣冷酷：在魔術方塊的問題上，缺乏創新意識的生產廠商，投入鉅資而收效不大，面臨市場飽和，甚至連本錢都不能收回。而具有創新意識的經營者，在魔術方塊原有的基礎上進行改造，創造出「魔棍」、「魔條」，把六面正方體改成四面正稜錐等，從而使市場銷售長久不衰。

實際上，副手在經營企業時，也同樣會遇到與上述事例相似的問題，是否能夠抓住時機，就要看他是否有創新意識了。一個有創新意識的副手，會時刻注意市場的動向，對事物的細微變化都非常敏感，所以他也能夠隨時抓住機會。

副手在業務中培養創新能力並不是一件簡單的事情，不是說坐在那裡想讓自己有創新能力。創新能力就自然來到身邊為自己所用，它還需要副手具備一定的素養和條件。總結起來，有以下六點需要完善：

1. 自信心

要有堅定的創造信念。知識和能力固然是使副手取得成功的必要條件，但是僅有這兩點還是遠遠不夠的，還需要有賦予知識與能力的粘著力、滲透力以及持續力的力量，而這種力量就是自信。在困難的時候，能夠百折不撓的堅定的信念。古往今來，很多優秀的副手，他們的創造思考特徵是具有很強的創新意識，他們的創造動機占比例最大的就是自信。

2．觀察力

觀察力是人的智力的重要組成部分。一個有遠見卓識的副手，應該是一個觀察家。能從別人司空見慣的事情上看出亮點，發現問題，從而在工作實踐中發展創意。

在日常工作中，組織或企業的副手也要善於觀察周圍的事物，並能夠從中受到啟發，這樣才能不斷鍛鍊自己的創新能力和發散思考。

3．想像力，突破傳統的思考定勢

在工作中，副手要能夠經常動腦筋，盡可能使自己的工作中經常有新的創意、富有靈活性。

4．善於開發潛在意識

要時刻學會思考，不斷挖掘自己潛意識中的思想。近代科學家用掃描電子儀測出人的大腦中總共有一百四十億到兩百億個神經細胞，平時這些細胞大多處於休眠狀態，最多時只有百分之三十的腦細胞在發揮作用。富有創造性的領導藝術，在於建立一種體制，調動人力和各種技術力量去形成一個新穎而持久的價值觀念的有機體，使各種人才都能挖掘出自己的潛在意識。

5. 要懂得激勵，鼓勵團體的創造性

能夠主動創新的副手屬於有創造力的人，能夠鼓勵團體創造的副手，也同樣是一個有創造力的人。身為副手要能夠利用某種手段或方法。現今，推陳出新、領先創造、已經開始成為企業界所銳意追求的目標。而企業之間的競爭也已經慢慢轉變為副手們之間的較量以及創造力的對抗。

總之，在現代組織或企業，它們對副手的要求越來越高，這就要求每位副手都應有很強的事業心，對企業和職工有使命感；應有活躍的思想，對新事物敏感；還應該有最重要的一條，就是創新意識和能力。沒有很強的創新能力的副手，就不可能總是站在高山的峰巔上，放眼世界、深謀遠慮。

不斷提高自己的協調能力

副手要不斷的總結自己的管理經驗，並注重學習吸收各方面的成功做法。日積月累，便可以使自己的組織協調能力逐步完善和提高。

在現實工作中，協調能力是一個領導員工尤其是副手領導必備的基本素養，也是其

重要職責之一。

所謂協調，就是指副手為了實現組織目標，在對組織成員之間、部門與部門、局部與整體利益關係科學分析的基礎上，採取不同的方法和手段協同各方面的力量和步調以達到相互配合，形成最大合力，達到預期效果的具體過程。

人類科研史上著名的「曼哈頓工程」選定由二流科學家成功領導世界一流科學家團體的故事也可以充分說明這一點。

一九四二年，美國開始組織實施研製原子彈的「曼哈頓工程」，工程經理的選任是個非常令人頭疼的問題。參加該工程的科學家和工程技術人員共十五萬餘人，其中有世界第一流的、諾貝爾獎獲得者物理學家愛因斯坦、康普頓、費米等。這些人都是「專才」，不適宜擔任領導工作，經過反覆考慮，美國總統羅斯福選中了歐本海默為這項工程的經理。

與愛因斯坦等著名科學家相比，歐本海默只能算是個二流的物理學家，羅斯福為什麼要選擇歐本海默呢？原因在於歐本海默不僅是科學家，而且知識面廣、有組織管理能力，善於協調科學家們共同工作。而事實也充分證明，羅斯福的選擇是英明的。

實際上，除了要具有廣博的管理知識以外，管理工作經驗的累積也是不可忽視的，這是提高副手組織協調能力的又一條重要途徑。

理論來源於實踐，又反過來指導實踐，現代管理科學的理論就是由無數的管理經驗不斷的概括、總結，使之系統化、理論化而逐步形成的。所以，副手應當不斷的總結自己的管理經驗，並注重學習吸收各方面的成功做法，這樣日積月累，便可以使自己的組織協調能力逐步完善和提高。

在現實工作中，用來妥善處理與主管、同級副手和下級之間人際關係的疏通、協調能力。概括全部，主要是把握好四個環節：

1. 了解

所謂了解，就是應該盡可能詳細的了解主管、同級副手和下級的長處和短處，並在工作中，揚其所長、避其所短。這是使對方避免感到「為難」，並能更加有效的給予幫助和支持的重要一環。

了解主管，就是要了解主管在整體上的指導思想和策略意圖，以及與自己在微觀和局部上的指導思想和意圖上的差異；了解主管的工作方式和生活習慣，揚其長，避其短。

了解同級副手，表現在工作上要相互溝通資訊，協調一致。

了解下屬，便是了解下屬的工作需要得到什麼幫助和支援；了解下屬的心理特徵和情緒變化，以利於調動其積極性。

2．尊重

每一個人都希望被別人尊重，尊重是對一個人的品格、行為、能力的一種肯定和信任。尊重別人也是一個人優良品格的表現，包括尊重別人的言論、舉止、人格、習慣等等。尊重是相互的，只有尊重別人，別人才會尊重你。相互尊重是疏通、協調各種人際關係最重要的一環。只有相互尊重，才能打消對方的疑慮，博得對方的信任。

在工作中，無論是和主管、同級副手還是下級接觸，都必須盡力尊重對方，這是取得對方信任、幫助和支持的前提。

尊重主管、獲得主管的信任和理解，避免和主管產生「心理障礙」，有效的協調上下級關係，是主管願意積極幫助和支持下屬工作的重要前提。尊重主管，首先表現在「服從」上，對於主管交辦的工作要確實的完成；對於主管提出的意見，即使你認為有所不妥，也應該用適當的方式說明，不能陽奉陰為；自己所作的決策的工作要盡量向主管匯報，讓主管知道，不能處處「架空」主管。要讓主管感到，下屬在決策上和其保持一致，工作大膽，既站在微觀位置，考慮本職工作，又站在整體的角度，替主管出點子，想辦法。

尊重同級副手表現在相互配合、相互信任。在工作上分清職責，掌握分寸，不爭權奪利，不相互推卸責任；相互配合，不相互指責，甚至相互拆台；嚴以律己，寬以待人，多看別人的長處，少看短處，對自己多看短處，少看長處。

尊重下級表現，支援下屬和肯定下屬的工作。對下屬的意見和建議要認真聽取、採納；對下屬所取得的成績要及時肯定；尊重下屬的工作，對下屬的工作要給予支持。

3．索取

任何領導人才，也不可能單槍匹馬去開拓新局面。尤其是對一名副手而言，他必須盡可能取得主管、同級副手和下級的支持、幫助和合作。這就是說需要「索取」。

副手在爭取主管支持時，不能隨意、盲目的向主管提出這樣那樣的非份要求，要了解主管能夠提供什麼，願意提供什麼，切忌強人所難，招之被動；在與同級副手要求配合時，要看這種配合是否給同級副手帶來麻煩，是否是同級副手力所能及的；要求下屬完成任務時，要弄清下屬可能遇到哪些困難，單憑他的力量是否能順利完成。

4．給予

在日常工作中，按對方最希望的方式，給予對方所希望獲得的支援、幫助、信任是非常重要的。

主管最希望下屬圓滿完成自己交辦的工作任務；同級副手最希望互相之間建立起一種攜手並進的融洽關係，在親密無間的友好氣氛中進行良性競爭；而下屬最希望獲得的是副手的「信任」，在困難時刻的有力支持，受到挫折時的熱情鼓勵，以及取得成績後的及時獎勵。

此外，副手要做好協調工作，必須注意於以下幾點：

1. 利益協調

經濟轉型不僅帶來社會結構、經濟體制、分配方式的深刻變化，同時也引起社會利益格局的大調整，而且利益分配又是一個最受人們注意、最為敏感的問題。因此，必須應該引起主管的極大重視。建立健全社會利益協調機制，協調不同利益主體之間的利益關係，保護職員的根本利益，對維護社會穩定，推動社會發展具有非常重要的意義。

2. 工作協調

副手展開工作無疑在與團隊成員、同級副手和下屬經常接觸、打交道，由於每個人的素養不同，他們所表現出的責任性和工作積極性也不盡相同。所以，對待工作的態度，認識問題的角度，處理問題的風格，所得出的結論也存在著很大的差異。因此，進行協調是非常必要的。

3. 資訊協調

在現實工作中，各個組織內的部門、個人獲得工作所需的各種資訊，並增進相互之間的了解和合作，就必須進行必要溝通，否則各部門和個人的工作可能就會發生紊亂，影響到整個組織的運轉。資訊對副手的領導工作具有非常重要的意義。不能進行有效溝通的副手，是絕不能成為一個有效領導者的。因為，有效的資訊溝通能為副手提供工作的方向、了解下屬的需要、了解工作效率的高低等，是做好工作，實現決策科學化、效能化管理的重要條件。

4. 目標管理與協調

在現代組織或企業的發展中，目標管理和協調已成為一個非常重要內容。目標管理是從目標論發展，透過設置和實施具體的、中等難度目標的過程，用以提高下屬的積極性和工作效率。目標管理的參加者已由早先的只限於管理人員，發展到可以由團隊或個人參與，成為組織發展的有效手段之一。

提高自己應對突發事件的能力

提高各級領導員工的能力，包括副手應對突發事件的能力既是加強執政能力，也是對副手的一種綜合能力的考驗。

怎樣才能提高處理突發事件的應急能力，目前已成為副手的重要任務之一。突發事件包括自然災害和各種人為事故等等。它的社會影響大，如何去處理它，已經成為現代組織或企業考驗副手的一個重要能力。

所以，要想成為最優秀的副手，就要努力提高處理突發事件的能力。

幾個人去參加一個私人宴會，中途突然有一條毒蛇鑽了進來。當這條毒蛇從餐桌下面爬到女主人的腳背上的時候，女主人先是一驚，但是並未慌亂，而是立即冷靜了下來，一動不動的讓那條蛇爬了過去；然後，她叫身邊的侍童端了一盆牛奶放到了開著玻璃門的陽台上。

這時，一起用餐的一位男士注意到了這件事情，他知道將牛奶放在陽台上是引誘毒蛇的一種方式。他意識到房間裡有蛇，便向房頂和四周搜尋，並沒有發現毒蛇的蹤跡，所以他斷定毒蛇在桌子下面。他平穩了一下情緒，為了不讓大家受到傷害，他沒有警告大家注意毒蛇，而是沉著冷靜的對大家說：「我和大家打個賭，考考大家的自制力，我數三百下，這期間你們如果能做到一動不動，我將輸給你們一百比索；動的人就輸掉一百比索。」頓時，餐桌邊的人們都一動不動了，當他數到兩百八十下時，那條毒蛇向陽台的牛奶盆爬去。於是他立即大喊一聲撲上去，迅速把蛇關在玻璃門外。

客人們見此情景都驚呼起來，而後紛紛誇讚這位男士的冷靜與智慧。

故事中冷靜的女主人和機智的男士所具有的良好的危機處理能力，其實也是現代企業每個副手都應該去學習的。因為，副手在工作中，面臨危機的時候，只有具備了沉著冷靜的心理素養及處理危機的能力，才能促進企業和主管化解各種危難，成為最能幫助企業發展的人。

通往事業成功的道路並不平坦，競爭的困惑、坎坷和挫折幾乎每一名副手都不可避免。一旦發生危機，就會導致整個事業生涯失衡，影響副手們的發展和進步。因此，每一名副手，都必須學習和掌握應付危機的方法，培養自己隨機應變的能力，這樣才會在工作中做到遊刃有餘。

身為副手要正確應對突發事件，必須要做到：

1. 依靠科學

在突發事件的應對中，相應的經驗雖然可以提高敏銳性，但是完全跟著經驗走，也容易誤入歧途。如果經驗不和科學結合，就可能錯誤的運用經驗。不同的突發事件，要有不同的處理方案。方案只有建立在科學的基礎上，即符合事物本身發展的規律，實行後才能收到良好的效果，才能經得住實踐的檢驗。一位副手的知識水準和經驗層面終歸是有限的，要得到一個正確的科學的應對方案，就要依靠科學，依靠掌握這方面知識的專家。在綜合各種意見後擇善而從。

2. 組織協調能力

應對突發事件，對副手的組織協調能力有著更高的要求：

（1）能夠做到短時間內聚合各種要素，把社會各界的人力、物力、財力等資源在第一時間內聚集到位，協調調動各方面。

（2）能夠有條不紊的展開工作，高效有序的運作，使各個環節緊緊相扣，最大程度的發揮其效能。

（3）能夠優化調控秩序，以高超的領導方法和領導藝術，盡力以理性的而非感性的，柔性的而非暴力的，開放的而非隱蔽的方式，妥善有效的處理好突發事件，避免事件因組織拖延、調控不當而造成更大的危害和損失。

3．快速應變的能力

在現實工作中，身為副手只有做到快速反應、多謀善斷、速戰速決，才能掌握處置突發事件的主動權，將事件可能產生的不良後果控制在最小限度。突發事件來勢兇猛、發展快，稍有不慎，就會造成失控局面。這就需要副手有不畏艱險的勇氣，有處變不驚、大膽果斷的氣魄，有審時度勢、隨機應變的膽識，有雷厲風行的作風。

4．快速決斷的能力

快速決策能力是建立在理性思考基礎上的一種能力，也是對副手應急能力高低的最終表現。科學的決策需要注意以下幾個方面：

（1）迅速查清事由。對事件的起因、發展趨勢、狀態程度、社會影響等情況進行深入調查摸底，掌握實情，為事件妥善處置做好基礎性的保障工作。

（2）因情施策，區別對待。根據事件的不同起因和性質，對症下藥，採取有針對性的工作措施。尤其要時刻注意事件的動向，不斷的應對調整。

（3）決策要有適度超前性。要充分考慮事件的發展變化，具有一定的預見能力，留有周旋的餘地，從而運籌帷幄。

5．駕馭全方位的能力

突發事件的處理是一種控制流程，事關全方位，需要統觀全方位，周密思考，全面部署。既要考慮國家政策法律的規定，又要考慮當地的風俗習慣；既要考慮事件造成的社會影響，又要考慮經濟損失；既要考慮事件本身的處置效果，又要考慮其後續影響以及周邊因素的作用；既要考慮採取措施的力度，又要考慮社會的承受程度。

6．敏銳的鑑別能力

所謂「突發」，並不全然是無端飛來，在其醞釀、發生、發展過程中，必然會表現出一些不易被人察覺的跡象。一流的副手，能夠及時的抓住那些初露端倪的現象，把問題解決於萌芽之中，以避免事態擴大造成的損失。「月暈而風，礎潤而雨。」是人們在對自然現象的長期觀察中得到的經驗之談，而「勿輕小事，小隙沉舟。」則是人們在對社會現象的長期觀察中得到的經驗之談。有了許多這樣的規律性認識，就能在事變之初，做出敏銳的判斷。

敏銳性的培養，需要有對工作極端負責的精神，只有對工作、對職員極端負責，即真正勤政愛民的副手，才能夠及時了解全面的資訊並對資訊做出科學的處理和分析。同時，也需要有豐富的經驗累積。即便是對一些全新問題的捕捉和處理，相關經驗的借鑑和運用也顯得非常重要。

把創造力當做最大的資本

一個人從舊模式到新模式的轉換，意味著全然不同的新方式、用全新的視角來思考原有的問題。要轉換成為新的模式，就要改變以前對事情的看法。

美國著名的《商業週刊》於二〇〇〇年出過一本特輯叫《二十一世紀的公司》，其核心觀點是：二十一世紀的經濟是創造力經濟，創造力是財富和成長的唯一源泉。在知識經濟條件下，一個具有創造力的副手，其所創造的價值勝過許多一般性副手的總和。

創造力是一個人一生的資本，也是現代企業中許多優秀副手的成功祕訣。在世界首富比爾蓋茲看來，過去幾十年社會的種種進步，都是源於人類身上的一種無法預測的創造力。他也曾無數次的談到：「對於一個公司來說，最重要的就是副手的創造力！我們要做的事情是，招募業界最聰明、最優秀、最認真、最有創造力的人進公司。」

二〇〇六年，美國通用公司招聘業務經理，吸引了許多有能力、有學問的人前來應聘。在眾多應聘者當中，有三個人表現極為突出，一個是博士甲，一個是碩士乙，另一個是剛走出大學校門的畢業生丙。公司最後給這三人出了這樣一道考題：

很久以前，有一個商人在下雨天出門送貨，離目的地還有一大段山路要走，商人就去挑了一匹馬和一頭驢上路。路特別難走，驢不堪勞累，就央求馬替它馱一些貨物，但是馬不願意幫忙，最後驢終於因為體力不支而死。商人只得將驢背上的貨物移到馬身上，此時，馬有點後悔。

又走了一段路程，馬實在吃不消背上的重量了，就央求主人替它分擔一些貨物，此時的主人還在生氣：「假如你當初替驢分擔一點，就不會這麼累了，活該！」

過了不久，馬也累死在路上，商人只好自己背著貨物去買主家。

應聘者需要回答的問題是：商人在途中應該怎樣才能讓牲口把貨物運往目的地？

博士甲：把驢身上的貨物減輕一些，讓馬來馱，這樣就都不會被累死；

碩士乙：應該把驢身上的貨物卸下一部分讓馬來背，再卸下一部分自己來背；

畢業生丙：下雨天路很滑，又是山路，所以根本就不應該用驢和馬，應該選用能吃苦且有力氣的騾子去馱貨物。商人根本就沒有想過這個問題，所以造成了重大損失。

結果，張某被通用公司聘為業務經理。

博士甲和碩士乙雖然有較高的學歷，但是遇事不能仔細思考，最終也以失敗告終。畢業生丙雖然沒有什麼驕人的文憑，但他遇到問題不拘泥原有的思考模式，靈活多變，善於用腦筋，所以最後他成功了。

故事中的畢業生丙就是一個有創造力的人，而創造力也最終使他走向了成功。在一般情況下，人們總是習慣用常規的思考模式，因為它不僅省時而且省力。然而，你是否看到它也有不利的一面；往往會起到束縛或妨礙的作用。

一個副手從舊模式到新模式的轉換，意味著全然不同的新方式、用全新的視角來思考原有的問題。要轉換成為新的模式，就要改變以前對事情的看法。以下是思考方法，雖不高深，但相信只要你把它們貫徹到工作中去，對副手們必然是有益的。

1. 目光遠大

有著遠大理想和抱負的副手，他們總是站得更高些，看得更遠些，他們的思路也因而更加廣闊，所以他們成功的可能性也就會更大。

2. 積極的心態

良好的心態是思考問題的必要條件。成功的副手之所以能夠成功，就是他們在任何情況下，哪怕是處在非常險惡的環境之中，都能用良好的心態來思考問題。別人認為不能成功的事情，他們卻始終充滿信心，因為他們在看到困難的同時，也看到了光明的前途和積極的因素。

3. 標新立異

有些問題，按照常規的方法思考，通常得不到正確的答案。如果能夠把問題反過來思考，或者換另一個角度來考慮，打破常規，問題反而就很容易解決了。自古以來，水都是往低處流的。有些人卻把這個問題反過來思考，於是就發明了抽水機。在山重水複疑無路的時候，使用標新立異的思考方法，可能使你得到意想不到的效果。

4. 設想後果

一切科學研究的成敗，都可以從後果表現出來。所以我們在思考問題的時候，絕不能忘記考慮後果。古人云：「未曾立法，先思結局。」也就是說，一個人不管做什麼事情，都要想到它的後果。我們想做某件事情，也許動機是好的，效果卻不一定好。如果在做每件事情之前，都設想一下後果，就會減少大量的失誤。那種顧前不顧後的思考方法，是不會有成功的機會的。

5. 考慮周全

一個人在思考問題的時候，往往容易犯的一個毛病就是片面性，顧此失彼。副手為了求得正確的解決辦法，必須權衡利弊，左思右想全面考慮。當你在思考某一複雜的問題時，切忌不要急於做出結論。而要想一想這個問題在歷史上有什麼經驗教訓，現實工作中又有什麼新情況，在條件允許的情況下，不妨親自去觀察一下，然後再做出結論。

6. 集思廣益

英國戲劇家蕭伯納曾經說：「倘若你有一個蘋果，我也有一個蘋果，而我們彼此交換蘋果，那麼你和我仍然是各有一個蘋果。倘若你有一種想法，我也有一種想法，而我們彼此交換想法，那麼，我們每個人將各有兩種想法。」

因此，認真汲取別人的智慧，可以由一個想法變為幾個甚至幾十個想法。副手在思考重要問題時，一定要多徵求別人的意見，千萬不要自以為是，固執己見。如果那樣，你的思考將逐漸閉塞、僵化，並失去活力，成功也將與你無緣。

7. 圍繞目標

思考問題，最忌諱無的放矢，漫無邊際。這樣的思考是不會有任何結果的。思考問題，一定要圍繞你的奮鬥目標。只要你堅持這樣做，成功就只是個時間問題了。沒有目標就不能獲得成功。有了目標，而不圍繞目標去勤奮思考，仍然不能獲得成功。

提高能力，別讓自己成「負手」

要成為一個優秀的副手，就要懂得恃才助上，而不要恃才傲上，這樣才能獲得最大的助力，否則「才華」反倒可能成為阻礙自己發展的阻力，成為名副其實的「負手」。

顧名思義，「副手」乃助手也，就是協助主管做好分配的工作。現實工作中總是有一些不和諧的現象發生。一些部門不少的「副手」成了「負手」，有些「副手」認為自己所付出的努力、所取得的成績，到頭來都算在了主管的「帳上」，在為他人做「嫁衣」，始終抱著「苦勞是自己的，功勞是人家的。」還有些「副手」處處與主管陽奉陰違。

這樣的副手怎麼可能盡職盡責做好自己的工作呢？在這樣的情況下工作副手又怎麼能做得好呢？

實際上，一個部門就像一盤棋，每個人都有各自的分工，只有盡職盡力才是立於不敗的基礎，將帥只有一個，這就要求每個「副手」都要有全方位的觀念。如果個個「負手」作「壁上觀」，最後只能落得個一潰千里俯首認輸的下場。

在一個組織或企業的內部，很多副手都很有才華，但是有才華的人往往容易產生這樣的心理；喜歡按照自己的方式做事，不太懂得顧及別人。要成為一個優秀的副手，就要懂得恃才助上，而不要恃才傲上，這樣才能獲得最大的助力，否則「才華」反倒可能成為阻礙自己發展的阻力，成為名副其實的「負手」。

在現實工作中，雖然有很多主管對時刻挑戰自己地位的副手抱有戒心，反過來，對於那些總說「是」的副手，也沒有多少好感。如果副手在聽話的同時不知不覺成了應聲蟲，沒有自己的判斷或者推動能力，那麼這個副手自然在主管眼中若有若無，直至最後淘汰出局。

吳先生是某企業的副總經理，總經理是一個公營企業家。在這十幾年的時間裡，公司從十幾個人的小廠成長為產值達幾個億的明星企業。吳先生的職位也從普通職工晉升到公司的副手。但是地位的提高並沒有帶來相應的權利的提升。

「沒有財權就沒有話語權。我在這裡，其實就是一個花瓶，負責向下屬傳達思想、向主管回饋意見這樣一個中間人的角色。」——吳先生這樣描述自己在公司的地位。

十幾年來，老闆依然沒有改變自己的工作作風，事必躬親。尤其是公司財務方面，控制得非常嚴格。按照公司制度，副總經理在五千元以下的費用支出時不必事先請示主管。五千元以上的費用，必須經過主管的批准。

「有時候主管在外地出差，公司急需支出一筆費用，下屬會找我去處理，但是我做不了主。漸漸的，我在他們心目中就沒有地位了。之後的很多事情，他們都繞過我直接去找主管，主管對這種越級匯報也沒有覺得不妥。久而久之，就造就了目前這種混亂的局面。」

優秀的副手肯定是才華橫溢、能力卓越的，但是他們為什麼能夠安心的幫助主管，而沒有輕慢之心呢？因為他們深知，他們是主管的輔臣，是輔助主管的角色。當他們認為自己是一個很有才華的人時，就會用他們的才華幫助主管，而不是成為「負手」。

松下電器的高橋荒太郎就是一個非常優秀的副手，也正因為如此，他才獲得了事業上最大的成功。從松下電器與荷蘭的飛利浦公司進行合作計畫的洽談中就可以看出，高橋荒太郎的幹練以及高超的處事手腕。當時飛利浦公司以技術支援需要付費為藉口，向松下獅子大開口。高橋荒太郎不假思索的提出對方也必須支付松下經營指導費，還以顏色，促使雙方處在平等的位置進行合作。

可以說高橋荒太郎一直扮演的是溝通橋梁的角色，他能夠將松下幸之助抽象的說法準確無誤的傳達給下屬。但是高橋荒太郎卻從未自以為了不起。

從這裡我們就可以看出，高橋荒太郎憑自己的能力成為松下幸之助須臾不可離的左膀右臂。如果不是他認真研究，努力將所學寓於所用；不是他虛心對上，真誠的幫助松下幸之助，又怎麼會得到松下幸之助的信任呢？高橋荒太郎十分清楚自己與老闆松下幸之助之間的關係，他堅信跟著松下幸之助，才能將自己的能力發揮到極致。於是他謹守分寸的站在幕後，極力扮演好松下幸之助助手的角色。

作為一位有智慧的副手，成為「負手」的危害是無窮的：

1．不利於工作的展開

當不團結、不協調的情況發生時，主管往往因對你的印象不佳，將責任歸罪於你。

2．對個人的發展極為不利

成為「負手」的表現，會使主管覺得他的尊嚴受到極大傷害，所以對你產生極大的敵意。他不會將你當做自己人，你越有才華反而危險越大。所以成為「負手」縱有運籌帷幄、經天緯地之才，也很難有用武之地。凡是能夠成功的人必然有他的過人之處，但是並不是每一個有才能的人都能夠成功。

只有敬上、尊上、助上，才會有優勢，才有機會活躍在事業的大舞台上。因為「上」是主宰，是給自己創造良好的施展才華環境的人。

在許多優秀企業招聘的衡量要素中，能力素養始終是被注意的重點。這是因為，能力素養才是一名副手發展潛力的最突出表現，是讓自己不成為「負手」的方法之一。

每一名在職副手，都要重視自身綜合能力及素養的培養與提升，從而讓自己成為企業最需要的人才，走到哪裡都受人歡迎，不要成為「負手」。

駕馭局勢，避免不良的心態

身為副手一定要擺正心態，以積極的心態與主管展開合作，適當犧牲自我利益，還要做到不能越位越權，不與主管爭搶功勞與名譽。

在組織或企業的內部，相對於主管主要思考、把握企業發展策略等重大問題，副手往往承擔一些具體、繁雜的事務性工作。而且，在許多人眼裡，有點權力卻又受到主管制約的副手是個尷尬的角色，給人的印象除了兩頭受氣、吃力不討好，就是唯唯諾諾，無法表現個人價值的最大化。

實際上，換個角度看副手的地位，只要心態平穩，周旋得當，完全可以演繹出一倍職場精彩。所以，身為副手一定要擺正心態，以積極的心態與主管展開合作，適當犧牲自我利益，還要做到不能越位越權，不同主管爭搶功勞與名譽。

二〇〇〇年前，馬其頓國王亞歷山大率領軍隊出征到印度，途中斷水。全軍將士乾渴難忍。於是，國王命衛兵四處找水。

但是衛兵找回來卻只有一杯水，便把他獻給了給了國王。這時，國王下令，立即把部隊集合起來，端起這僅有的一杯水。充滿信心的對全軍戰士發表了演說：「已經找到水源，我們只要前進，就一定能夠找到水。」

話音剛落，大家見國王把手中的那杯水潑在地上。將士們頓時精神振奮，懷著巨大的希望，不顧難忍的乾渴，跟著國王繼續前進！

這樣的主管，這樣的精神，這樣的品格，怎能不使屬下感到震撼，願意緊隨你左右，為你效力？

同樣，副手在一個組織或企業中處於承上啟下的地位，要想做一個最優秀的副手，必須注意克服各種不良心態：

1. 孤芳自賞

現代企業的副手大多幹練敏捷、知識豐富能獨當一面。這些亮點既是發展進步的推動力，又有可能成為一種阻力。如果這些優點發揮不好，用得不好就容易引發一種顧影自憐，孤芳自賞的心理暗示，自覺不自覺的感到自己是高人、是完人，便自以為是。這種自我感覺良好的心理暗示的最大負效應，就是使這些副手在言談舉止方面孤傲有加清高不減，長期下去必然會嚴重影響自身的健康成長。

2. 以主角自居

身為副手在履行職責過程中，首先要避免的是角色錯位現象。工作中應當與主管做好溝通、交換看法，尤其是要主動向主管請示匯報取得支援，這是必要的程序。雖然這樣做也未必能夠徵詢到有價值的意見和建議，可以起到改善領導團隊關係，促進同事之間團結的作用。

3. 以配角自貶

工作中不能有不是主角，就不思進取的心態和作法。儘管在組織中不對全盤事務做決策，但是對自己範圍的工作還是可以有所作為的。不作為、不配合就可能給部屬留下沒能力、不稱職的印象。所以身為副手，在工作中要克服瞻前顧後、謹小慎微、自卑放任的情緒，調整好心態，增強自信、鼓足衝勁、主動做事、誠心誠意的支持主管工作。

4. 我行我素

在現實工作中，有的副手缺乏服務意識，不把主管放在眼裡，影響主管威信，擾亂正常的工作流程。這些都是角色定位錯亂、知識欠缺、修養不足的表現。

5．多一事不如少一事

在工作中牢固樹立全方位意識，要能為主管分憂解難、化解矛盾，工作到位了，是榮耀全部人員的好事。在自己有所作為的前提下，正確行使職權、掌握分寸，自覺維護主管的威信。

6．槍打出頭鳥

在工作實踐中，有的人總是畏首畏尾、顧慮重重、放不開手腳，工作積極性主動性和創造性發揮得不夠好。其中主要是怕被人說自己進步心切、喜歡出風頭，也有的人怕自己鋒芒太露，引起主管的不快。實際上，這些人都有一種較強的事業心和責任感，期望做出一倍事業，又擔心別人說自己想討主管賞識，同時又擔心招致心胸狹窄者嫉妒，成為出頭鳥。

所以身為副手要消除這些心態，放開手腳做好工作，這才是最基本的工作態度，不要被一些私心雜念所左右。

7．不願意負責

在日常工作中，有的副手遇到一些問題時，往往會退縮或繞著問題走，不敢承擔責任，總認為自己是副手，此事應該由主管來管理、由主管負責，或者以這個事我個人說了不算，不在我管的範圍之內等理由搪塞推脫。

還有的副手一味的做好人，不願意做惡人，這些心態本身就不是店長主管應有的品格，如果長期下來，可能會給團隊的團結帶來不良影響。因此作為副手一定要特別注意克服這種心態。

8. 當一天和尚敲一天鐘

有人抱有清閒、逍遙、和平的心態，不管做什麼事都等主管安排，自己只隨聲附和，袖手旁觀、消極應付，對實際問題不聞不問、漠不關心，工作敷衍了事、漏洞百出。如果副手對自己的工作職責失去熱情，則必然會失去追求和動力，必然會失去下屬的信任和支持，更不可能做出成績。身為副手在任何時候都不能淡化自己的進取心、責任感。

問題思考：

1. 結合實際，反省一下自己的能力是否能夠勝任目前的工作?如果不能，把不足之處找出來，並改正。
2. 假如你是某組織或企業的主管，說一說你對副手的能力方面還有哪些要求。
3. 結合本章內容，把你讀後的感想總結出來。

行動指南：

1. 站起來走到窗前，看看外面的風景，呼吸呼吸新鮮的空氣，然後以開闊的心胸分析自身能力的不足。
2. 把所有自己能想到的缺點和不足都寫在紙上，並且把這張紙放在自己經常看到的地方，比如，辦公桌上，牆壁上、隨身攜帶的錢包裡等。
3. 記住自己的缺點和不足，並且在任何時候都要想到改進，不要因為它的微小而對其忽視或縱容。

第四章

勇於負責，參與決策：掌握副手應具備的基本功

決策是副手最基本的職責。作為一名副手，每天面臨的各項工作，實際上都是不斷的做出決策。換言之，決策貫徹於每個領導者和每項活動的領導管理過程。領導者的任務就是對出現的各種問題進行分析研究，找到解決問題的方法。

能做出及時、明確的決斷

副手經常會遇到一些非程序性問題和下屬的請示，對這些問題副手作為領導者既不能迴避也不能推脫，必須運用自己的知識和經驗，果斷的下定決心、及時明確的答覆處理。這就要求副手應該具有高明的決斷藝術。

從廣義上來說，決策包含決斷，但是決斷又不是一般意義上的決策。決斷和決策既有區別，又有關聯。其關聯在於決策的每一個過程都貫徹著一系列的決斷，比如目標的提出、方案的篩選等。而決斷的基本要求是及時和明確。

美國鋼鐵大王卡內基以及時決斷而聞名。

有一次，一位年輕的支持者向卡耐基提出了一項大膽的建設性方案，在場的人全被吸引住了，它顯然值得考慮。當其他人正在琢磨這個方案、進行討論時，卡內基突然把手伸向電話並立即開始向華爾街拍電報，以電報陳述了這個方案。

在當時，拍一封電報顯然花費不菲，但是一千萬美元的投資卻正因為這個電報而簽約。如果卡內基也和大家一樣只是熱衷於討論而不付諸行動，這項方案極可能就在小心翼翼的漫談中流產。

有很多人都折服於卡內基的辦事能力，羨慕他所取得的成功，卻沒有意識到卡內基的成功源自他在長期訓練中養成的「及時、明確的決斷」的工作風格。眾多優秀的副手之所以能夠取得今天的成就，也是因其能夠做出及時、明確的決斷。

在某保險公司投資部工作的趙小姐，主管公司的市場投資工作，但是當時的主管經理並不完全放權讓他做，每一筆投資都要她詳細匯報並說明理由。這個經理又偏偏是外行管內行，趙小姐認為市場投資講究的是時效性，如果每天忙於早請示和晚匯報的作業模式，那成敗最後到底誰負責？於是她幾乎每天都在因為不能說服主管經理而情緒低落，甚至時常與主管經理爭吵，爭吵的最終結果更演變成整個部門和主管的對立，不得不以團體辭職的方式一了百了，繼而又不得不為重新找工作而煩惱萬分。

在現實工作中，有的副手對自己不願意做的事情通常會採取消極的態度，或敷衍了事，無論哪一種情況都會給工作帶來損失。

在很多時候，副手經常會遇到一些非程序性問題和下屬的請示，而且往往都是事情比較急迫，有的問題還比較棘手，對這些問題副手作為副手既不能迴避也不能推脫，必須運用自己的知識和經驗，果斷的下定決心，及時明確的答覆處理。這就要求副手應該具有高明的決斷藝術，要做到：

1. 要權衡利弊，避免好大喜功

副手做任何決斷，都要權衡利弊。兩利相較取其大，兩弊相較取其小，做到不以小利害大利，不以小局害大局，不以眼前害長遠。

2. 要順勢而斷，不要逆理而為

古人云：「智者順勢而謀」、「因勢而動」。這裡說的「勢」，是指事物的情勢、發展趨勢和其他客觀條件，就是說在決斷時要順應和利用事物的發展規律。

3. 要斷之在獨，戒疑慮重重

副手在做決斷時，三思而後行是非常必要的，但是不可顧慮太多或猶豫不決。

4. 要善擇時機，切不可錯失良機

機會對一個決斷者來說是非常重要的，機不可失。

5. 要留有餘地，防止處置過頭

副手在做出決斷時，要留有一定的餘地。因為情況不明、判斷不準確或可能情況會發生了某些變化，需要進行某些修正或更改。留一些空間，修正後較容易，否則更改或修正就比較困難。特別注意決斷時不要過度。

6. 要顧全大局，不要瑣碎過細

副手作為領導者必須注意穩固好那些根本性、全方位性的事情。顧全大局就是要做大事，不要什麼事情都想做、什麼事情都想管。

7. 要博采眾議，戒主觀武斷

決斷就其形式來看，是副手個人的決心。從決斷的內容和過程來看，除了運用自己已有的知識和經驗外，應盡量多聽聽各方面的意見，博采眾家之長，以彌補自己知識和經驗的欠缺，使自己下定的決心更加正確。

8. 要深思熟慮，不要草率匆忙

在現實工作中，要盡量做到對決斷的事情有透澈的了解，把利弊得失都考慮清楚，然後再做決斷。實際上就是深思熟慮。

9. 要有創新精神，不要墨守成規

決斷藝術的生命力在於它的創新性、創造性。創造性思考必須有新意，勇於想前人所未想，做前人所未做的事。標新立異建立在科學的基礎上，要切實可行。不要墨守成規，也並不是反對運用過去經驗，而是要在吸取已有經驗的基礎上有所創新、有所發展。

10. 要是非分明，不可模稜兩可

一個高明的副手的智慧表現在回答下屬問題時，能肯定哪些是正確的、哪些是錯誤的，對事物的理解入木三分，精闢深刻。現實工作中，有的副手是非不明，並不是由於水準不夠，而是因為私心太重、怕承擔責任。在回答下屬請示時，顯得很客氣、很謙虛，說些模稜兩可的話。對下屬說：「你看著辦吧」，使下屬無所適從。這種決斷雖然找不出什麼錯誤，但是也不管用，而這種不管用的決斷則是最大的錯誤。

勇於直言，勇於進諫

副手要做到對工作積極主動，勇於直言，並善於提出自己的意見，絕不能唯唯諾諾。

在任何時候，主管都不是聖賢，出錯犯錯在所難免。這種時候副手就應多方面思考問題，及時提出自己的看法以糾正主管的錯誤。對於主管的決策失誤，其他人也許不敢說也不便說，但是副手作為主管的第一助手和參謀卻必須要說，這是副手的職責所在。

優秀的副手應該既要當好主管的隨從，又要成為主管的諫友。如果一味逢迎主管，可以贏得主管暫時的歡心，長此以往終究會失去主管的信任。副手作為主管的直接下屬，由於長期跟隨主管左右，比較了解公司各方面的情況，因此其主張和見解無疑比較有參考價值，同時也更易於被主管接受。

此外，從科學決策的角度來說，決策的正確與否越來越依賴於全面的資訊和有價值的建議，這一點已經為越來越多的現代組織或企業的副手們所認知。

在實際工作中，勇於提出具有建設性的意見，但是表述時不直接反對別人的提議，效果會更好。

朱小姐是某公司新上任的業務經理，就職第二天適逢公司高層會議，討論公司新推出的一款汽車底漆。

「我們的漆一向是黃色的。」朱小姐在會上說，「從跟客戶的交談中，我們知道他們更喜歡淺灰色。」雖說是剛進入該公司的管理層，朱小姐仍鎮靜的解釋了為什麼將底漆的顏色轉為灰色能增大銷量。不久，淺灰色底漆就成為該公司銷路最好的產品之一。

朱小姐在大膽的提出自己見解的同時，並沒有直接說黃色不好，只是謹慎的談到客戶的需求自然容易為公司主管採納。所以，在直言進諫時，即使再怎麼理直氣壯，也不要說「你的辦法行不通」之類的話，而應該試著去說「如果這樣，效果可能比較好。」在實際工作中，任何一個副手都應責無旁貸的承擔起獻計獻策的責任和義務，以自己的真知灼見、可行方案來為主管出謀劃策，或錦上添花、或雪中送炭，幫助和輔佐主管做好管理工作。

可實際上，很多真正擔任副手的人，遇到明知需要自己出頭勸諫的時候，卻往往面臨兩難的抉擇境地；是明哲保身，還是以大局為重，畢竟是提出一些獨到的、不與主管苟同甚至完全否定了主管的決定的見解，而任何人面對反面的意見，都會有一種本能的牴觸和自我保護的意識。所以，副手的直言勸諫很有可能被好心當做叛逆，甚至被不冷靜的主管冷凍。

這就需要副手有一種自我犧牲精神，假如經過深思熟慮，確認主管的某項行動方案的確存在失誤或不當之處，哪怕你還沒有更好的方案，也要勇敢的站出來，首先加以制止，盡量把損失控制到最低。相信大多數情況下，主管對於副手的反面意見，還是會客觀的加以斟酌，即使遇到不理智的主管，一時受到責罵和打擊，但是假以時日，正確的建議遲早會被證明，那時自然會柳暗花明義一村，而你這種以整體利益為重的職業精神卻會使你和主管之間的配合更趨默契，彼此信任倍增。

當然，勸諫也具有藝術性和技巧性，必須精心選擇溝通時機、場合和方式，有理有據的顯示自己的見解和主張，這樣才能確保效果。反之，只憑一時之勇做出，充其量只能算是「正直」，而非智者所為。

勸諫方法五花八門，只要能最終達到目的就好。副手在進諫或勸諫時，一定要注意採用適宜的方式和場合，以求達到最佳效果。

所以，副手在和主管的觀念產生歧義時，一定要克服以下三種錯誤：

1. 明知主管決策有問題卻故意三緘其口，只待事後當諸葛，冷眼看笑話。
2. 無論什麼事情都讓主管擔責任，總之照章辦事，以免擔責任。

3.自恃高明，對主管的工作思路不研究、不領會，甚至另做一套，陽奉陰違。

此外，在工作中，人與人之間的交際、溝通和理解，離不開語言。選擇合適的語言方式，效果會事半功倍。聰明的人善於利用語言工具為自己服務，或察言觀色蒐集資訊；或善聽人言受到啟發；或巧言善辯為自己辯駁；或以情動人以理服人，制止他人的錯誤行為。

總之，優秀的副手在向主管進諫時，必須重視語言的妙用，說話要巧妙，聽話要高明，運用語言技巧說服和打動主管。而且，勸諫主管切忌魯莽，切忌不講方式和場合，而要學會真言、慎言、巧言，才能達到最好的勸諫效果。

具有高度的責任感和義務感

一名副手要成為一位好主管，就必須對自己的職位和所在企業感到自豪，對於下屬和主管有高度的責任感和義務感。

在現代組織或企業中，有各式各樣的副手，但是要想成為一名優秀的副手，卻不是很容易。

具有高度的責任感和義務感

現實工作中，有的副手是因為基層業務做的好被升職做管理，但是擔任主管工作以後，沒有完成角色的轉變，仍然以業務為主，絲毫沒有意識到自己的管理職能；有的副手全靠一張嘴，奉承主管，在主管面前說的天花亂墜，自己從不去親自行動，對本部門的業務一竅不通，只會命令人、使喚人、教訓人；而有的副手，有業務能力，管理也多少懂點，但是就是不能提升本部門的工作效率，工作見不到實際的效果。

經常聽到主管抱怨，抱怨自己的副手不能真正替自己分憂，只知道一味的去要權利，而相應的義務卻不敢承擔，碰到困難就請示主管。

實際上，這主要還是一個責任心和義務感的問題。著名乳品企業集團的總經理戴小姐在談到副手的管理時說：「一個合格的副手必須有很強的責任心，一個副手即使有了很強烈的責任心，而沒有義務感，工作依然做不好。只有實現素養與責任相結合才能做好工作，否則還是等於零。」戴總經理的一句話說出了副手存在問題的一個根本的問題──缺乏責任心和義務感。

某公司部門經理劉先生。業務能力非常強、也非常能幹，一直是老闆眼前的紅人。後來他突然「失寵」了，在公司的地位每況越下，最後待不下去了，不得不辭職走人。員工們都非常奇怪，不知道什麼原因。

原來，劉先生在公司裡偷偷聽到一個消息，公司高層決定安排他們部門的人員到外地去辦事情。劉先生看來出差是非常辛苦的。所以劉先生提前一天告假。第二天，主管安排任務時，恰好劉先生不在，便直接把任務交代給他的助手，讓他的助手轉達。當他的助手打他的手機，向他匯報這件事情時，他便在電話中給他的助手安排了工作，以自己有病為藉口，讓他替自己去外地辦這件事情。

半個月後，事情不成功，劉先生擔心公司高層追究這件事的責任，便以自己告假為由，言稱不知道這件事的具體情況，一切都是助手自作主張去處理的。

後來，總裁還是知道了事情的真相，對劉先生的人品產生了懷疑，怕他影響公司的團結和業務發展。所以再也沒有給他富有挑戰性的工作，在工作中也逐漸減輕他的影響、降低他的地位。劉先生自己也感覺到了，因此就主動離開了。

就這樣，一個很能幹、很聰明的人，被自己的「聰明」斷送了。實際上，劉先生的例子並不是個案，在企業裡有很多不願承擔責任和義務的副手。

副手要將責任和義務根植於內心，讓它們成為一種強烈的意識，只有這樣，這種責任與義務意識才會在日常工作中讓我們表現得更加卓越。我們常常可以見到這樣的副手，他們在談到自己所在的公司時，使用的代名詞通常都是「他們」而不是「我們」，不要以為這只是措辭上的小事，其實是一種缺乏責任感的典型表現，這樣的副手至少沒有一種「我們就是整個機構」的認同感。

責任感並不僅僅是口頭說說、某些原則性問題上做樣子這樣簡單，它更表現在每一件小事上。責任感之所以不容易獲得，原因也正在於它是由許多小事構成的。但是最基本的責任感是做事成熟，不論多小的事，都能夠做得好。

比如說，上班時間將至，習慣性的賴床和還未清醒的責任感可能會讓你在床上多躺兩分鐘，這時你應該問自己：「你盡到職責了嗎?」、「你盡到義務了嗎?」、「還沒有……。」除非你的責任感和義務感真的沒有萌發，否則不會欺騙自己。

同時，責任感和義務感是簡單無價的。據說美國總統杜魯門任職期間，辦公室的桌子上總是擺著一個牌子，上面寫著：Book of stop here（問題到此為止）。他桌子上是否有這樣一塊牌子，我們不得而知，但是這就是責任。如果在工作中，對待每一件事都是「Book of stop here」，那麼這樣的副手將讓所有人為之震驚，這樣的領導方式將贏得下屬足夠的尊敬。

總之，一名副手要成為一位好主管，就必須對自己的職位和所在企業感到自豪，對於同事和主管高度的責任感和義務感。

拒絕藉口，主動承擔責任

在主管眼中，副手的承擔力非常重要，「承擔」代表了一位副手的能力水準，也顯示了其自身的潛力。

曾經有這樣一個故事，或許會對每一位致力於在工作中培養自己責任感的副手有所啟發。

某知名空調電子有限公司的總經理林小姐，就曾經是一名這樣的副手。在成為總經理之前，林小姐一直在從事研發工作。

在二〇〇二年，林小姐將目光盯向業務部門。當時業務部門的發展正處於低谷，大家都唯恐避之不及，誰也不願意到這個部門來工作，林小姐卻主動要求去業務部門工作。大家知道後，都非常不理解。但是林小姐卻認為：「只要用心做，就沒有克服不了的困難！」得到主管的批准後，林小姐滿懷豪情的到業務部門上任了。

林小姐在成為業務部門部長後，立即進行大刀闊斧的改革，堅決淘汰不合格者。沒過多久，部門的士氣開始高漲。有效的內部管理很好的配合了外部市場的開發。而且林小姐在選擇產品的時候，每次都要下很大的工夫琢磨：有差異的產品才有市場，所以絕不能跟風模仿，而是要有自己的特點。

在這樣的指導下，業務部門研製生產出了高速滾筒洗衣機，在洗衣機的市場占有率立下了奇功。在林小姐的努力下，業務部門從一個問題部門，成為數一數二的優秀部門。林小姐也因此受到主管重視，被任命為該公司的總經理。

可見別人不願意做的事情，在主管的心中也是一個難題。此時，如果副手能夠承擔，無疑幫助上級醫好了一塊心病。而且別人最不願做的事你願意做，才能表現你的格局。

在這一點上，著名的巴頓將軍就當了所有副手們的表率。

在諾曼第戰役的時候，盟軍總司令艾森豪任命了一個軍官到第三集團軍當師長。巴頓就是第三集團軍的司令。

當巴頓聽說這個消息後，立即表示反對。巴頓認為這個人沒有任何能力，不願意讓他在自己手下工作，可是艾森豪仍一意孤行。不久，巴頓最擔憂的事發生了。這位軍官果然把事情弄得一團糟，打了敗仗。這時，艾森豪意識到問題的嚴重性，就命令那個軍官辭職。巴頓卻表示「絕不讓他辭職」，大大出乎所有人的意料。在一開始，最先提出不讓這位軍官任職的就是巴頓，而此時他又不願意辭退這位無能的將軍了。面對艾森豪的質疑，巴頓斬釘截鐵的給出了這樣的回答：「雖然他表現不佳，那時他是你們多餘的軍官之一，而現在他是我的部下，我就要承擔他的一切，不論好壞。我會盡全力使他成為合格的將軍！」此話一出，所有人都為之動容，而那位軍官，更是對巴頓十分感激，從此奮發努力，後來成為一名合格的將軍。

巴頓將軍的這個做法，產生了三大效用：一，使那位軍官對他心存感激，奮發向上，成為真正的可用之才；二，讓其他人願意圍在他身邊，死心塌地的聽從號令；三，讓上級對他刮目相看，認為他是一個不會推卸責任、勇於擔當的好副手。

在巴頓將軍身上，有一個鮮明的特點：非常善於將一群烏合之眾，打造成一支所向披靡的鐵軍。

對主管，巴頓無限忠誠，而對下屬非常有承擔力。這樣的副手，主管信任、下屬擁護，理所當然的擁有最廣闊的發展前景。

工作就意味著承擔責任。在這個世界上，沒有不需要承擔責任的工作；隨著職位的升高、權力的增大，肩負的責任就會越重。身為副手就更不應該害怕承擔責任，而是要立下決心，承擔任何正常職業生涯中的責任，並要比前人完成得更出色。

世界上沒有什麼比推卸眼前的責任更愚蠢的事情了，認為等到以後準備好了、條件成熟了再去承擔是錯誤的。在需要你承擔重大責任的時候，馬上就去承擔它，否則你永遠也不會、不願去承擔它。

副手怎樣才能更快的發展？要想有大發展，必須要勇於承擔，因為承擔是發展的加速器！在主管眼中，副手的承擔力非常重要，它代表了一位副手的能力水準，也顯示了自身的潛力。

具體來講，承擔包含著以下三方面的內容：

1. 毛遂自薦這是最常見的一種承擔方式。在組織需要的時候，主動請纓，不僅為組織貢獻了力量，更在主管的心目中留下深刻的印象。

在現實工作中，有很多副手都有這樣一種錯誤的觀念：只要管好自己的部門就行，至於其他部門和全方位的發展、決策等，都不是自己該操心的事。就算有了難題和問題，自有高層去處理，藏拙守本才是最重要的。

任何一個組織的主管，不僅期望副手做好自己分內的事，還希望他能夠在關鍵時刻，從大局著眼，主動挑起大梁。這樣的副手，在主管眼中，無疑是最有分量的。

2. 別人最不敢做的事你敢做，才能顯示你的才能和魄力。承擔得越多、獲得的信任越大。優秀的副手，必然最有承擔力。如果我們承擔得越多，主管對自己的信任也就越大。

敢做別人不願做的事情，敢做別人不願做的事，有幾點好處：提升自己的能力、為組織探索新的發展方向、讓主管看到自己的潛力及魄力。

3．在大多數人的印象中，主管最欣賞的是「忠臣」式的副手。但是實際上僅有「忠」，已經不能適應時代的發展。

綜上所述，優秀的副手必是最有承擔力的。他們不但對自己工作範疇之內的事情盡職盡責，更會主動承擔額外的工作。正是這樣的承擔力，讓他們獲得了快速發展的機會。副手的承擔力，能夠加速自己的發展，使自己迅速脫穎而出，成為組織的棟梁之才！

讓責任感更強烈

責任感強的人通常也能比他人更容易從工作中學到知識，累積更多的經驗，從而在全身心投入工作的過程中找到快樂，獲得成功。

在我們的工作中，很多原本具有出色能力的副手，卻因為怕承擔責任而不敢接受主管分配的任務。這種行為，首先就是一種沒有責任心的表現；而更為重要的是，這些副手卻因為不夠自信，不敢表現自己的才能而逐漸的平庸下去。

而那些具備高度責任心，有著良好執行力的副手，即使在工作中表現得並不出色，卻會因自己不懈的努力將工作做得日趨完美，成為主管的得力助手，也因此在事業上往往有所成就。

現任知名軟體公司總監的宋先生，最初只是技術中心的一個經理。之所以迅速成為該公司的高層，就源於他毛遂自薦，有著強烈的責任感。

該公司總部曾啟動了一個專案，外包給合作夥伴，這個專案非常重要，同時也非常棘手，因為時間緊急而且資源不足。

到底該由誰來負責這個專案呢？公司主管左思右想，仍沒有找到合適的人選。就在這個時候，意外的收到了一封毛遂自薦的信。寫信的就是宋先生，當時他還在做部門經理。他在信中寫道：「雖然我沒有這方面的經驗，但是我曾在公司多個部門工作，而且學習很快。我願意用我自己的時間幫公司把這件事情做好。我不需要酬勞，我也不是申請工作，我只是希望為公司做點事情。公司選擇我沒有風險，因為我至少可以把每個細節都想清楚，這樣可以節約公司的時間。」就這樣，這項重要的工作就落到這位「業餘人士」的手上。儘管難度很大，但是宋先生還是憑著自己的努力，承接這份工作。

不久後，當公司成立了一個部門專門來負責這個專案時，宋先生又毫無怨言的把所有的工作交給了新部門。正因為他創造了一個良好的開局，所以在後來的三年中提供給合作夥伴的外包業務量比原來增加了三倍。

後來，該公司有一個很好的工作機會，考慮到上次宋先生在毛遂自薦中表現出來的工作能力和勇於挑大梁的精神，公司毫不猶豫的將這個難得的機會交給了這位勇敢的「志願者」。毫不誇張的說，宋先生在幾年之內，就能夠有如此大的發展，完全得益於他有著強烈的責任感。

時刻保持清醒的頭腦，看看自己的工作是否已經做好了，是否已經做得夠好，這就是強烈的責任感。在日常工作中，很多副手即使有責任意識，也比較淡薄，很可能會因自身長期的懶惰或外界的誘惑，而很快的放棄自己的原則性和責任感。

張小姐是西門子第一任銷售總經理，他為德國西門子公司的電器產品占領外國市場立下了汗馬功勞，他本人也因此而贏得了名譽，取得了事業上的巨大成功。

當記者採訪他，問及其成功的祕訣時，張小姐回答說：「祕訣談不上，我從一九八三年開始在西門子工作，已經有十九年的年資。我始終有一個座右銘，就是對待工作要有強烈的責任感。這二十年來督促我一直前進的就是這種強烈的責任感，它讓我不敢懈怠於工作，時刻充滿了改變現狀的決心，並能夠付諸行動。如果說取得了一點成績，強烈的責任感就是其中的原因。」

我們經常會聽見：「過一天算一天吧！」、「上班沒什麼意思。」這就是責任感淡薄的表現。只有失去強烈責任感的人，才會埋怨找不到事做或懷才不遇，從而整天打發時間、混日子。作為一名副手，就應該具備強烈的責任感，以企業的發展為己任，即使主管沒有交待，也應當積極主動的為公司出謀劃策，做自己力所能及的事情，為公司消除隱患，這才是一名優秀而出色的副手。

受企業歡迎的有強烈責任感的優秀的副手，通常具有如下特質：

1. 永遠記得「這是自己的工作」

「這是自己的工作！」這就是每個副手都應該牢記的。哪怕遇到困難，哪怕是最不可能完成的任務，也不要推託，只有你去接受他，你就有可能成為最優秀的。

身為副手只有認知自己在做的是一份不能推卸責任的工作，才會盡職盡責去提升自己的工作品質和服務態度，從而為自己贏得好評，推進事業上的發展。

2. 絕不置身事外

作為一名副手，要能把公司當做自己的家庭一樣來看待。在工作之中，如果碰到一些雖不是自己職位職責範圍內的事務，也不置身事外，而是積極、主動的為公司處理好這些事務。儘管主管沒有交待，也要把它們當成自己應該履行的職責，認真、負責的把它處理妥當。

雖然在企業制度下，副手沒有義務做自己職責範圍以外的事，在工作的過程中，身為副手，只要是事關公司的事務，就不應該置身事外，袖手旁觀。儘管做這些職務範圍以外的事務，會占用你寶貴的時間，但是你的行為所表現出的強烈的責任心，將會為你贏得良好的聲譽。

社會在發展，組織和企業在成長，副手的職責範圍也在隨之擴大。不要總以這不是你份內的工作就為自己找理由來逃避責任、推卸責任。當額外工作降臨時，很可能是「機遇」在向你揮手。總之，想要成為優秀的副手，就要勇於做出決定，把自己的工作當成一項偉大的事業來對待，從而使公司在團隊的努力之中健康發展。

敢為他人之不敢為

副手具備了敢擔責任、勇於冒險的精神之後，他的能力就能夠得到充分的發揮，他的潛力便能夠不斷的得到挖掘。

在現代組織或企業，任何一個老闆都喜歡那些勇於承擔責任的副手。而身為副手，具備了敢擔責任、勇於冒險的精神之後，他的能力就能夠得到充分的發揮，他的潛力便能夠不斷的得到挖掘，他因此也會為公司創造出巨大的效益。

優秀的副手在面對風險時絕不能畏懼，也不能逃避風險，一味的逃避風險只是懦弱、膽小怕事的表現，到最後終將一事無成。真正有所作為並且成功的副手，他們都能「敢為他人之不敢為」，因為只有這樣才能抓住機遇並成為最優秀的副手。

但是冒險並不是要莽撞行事。在面對各種風險時，首先要能沉著冷靜，並且事前要仔細分析各種主客觀因素和條件，以及冒險的所得與冒險的代價是否相當，還要分析自己的能力和水準是否能掃清障礙、戰勝困難，準確的把握風險度；在冒險行為的實施過程中，還要周密策劃、合理組織、精心運作、將風險降至最低程度。

亨特早年在公司擔任採購主管時，聽從另外一個部門的經理和自己這個部門經理助理的建議，犯下了一個很大的失誤。

那個部門的經理和亨特所在部門的經理助理認為，泰國有一種產品，大量採購後，運到北卡羅來納州會有很好的銷路，結果亨特在採購過程中聽從了他們的建議透支了帳上的存款數額。對零售採購商有一條至關重要的規則——不可以透支自己所開帳戶中的存款數額。如果你的帳戶上不再有錢，你就不能購進新的商品，直到你重新把帳戶補滿為止——而通常這要等到下一個採購季節，這是一件很危險的事。

那次正常的採購完畢後，亨特的上司突然打來電話告訴他，有一種日本企業生產的漂亮新式提包在歐洲市場上特別受歡迎，要求他採購一部分。這種始料未及的情況，一下子讓亨特措手不及。

但是亨特並沒有向經理指責經理助理和另外一個部門經理的錯誤建議，為自己開脫，而是向上司闡述了自己大量採購泰國那一種產品的具體情況，坦誠的向上司承認自己的失誤。同時，配合上司向總部申請追回撥款，再採購新式皮包。

儘管上司有些不高興，但是他還是被亨特的坦誠態度和負責精神所感動，設法幫他撥來一筆款項。後來，那種泰國產品和日本產的新式手提包在推向市場後，深受顧客歡迎，十分暢銷。

透過事例不難看出，亨特由於「敢為他人之不敢為」，冒險承擔了責任，最終成為最優秀的副手。而對於亨特而言，他向上司承認錯誤就承擔了一定的風險，他可能因此而被撤職、被處罰等等。但是風險與發展機遇同在，風險與績效利益共存，有風險就有機遇。

「敢為人之不敢為」也是克服「尋找藉口」的有效方法。大多數人都只想從工作中獲得自己想要的東西，卻很少主動付出什麼。但是不付出，又怎能有所收穫呢？

所以，作為一名副手，不要害怕出現失誤，不要因怕承擔而為自己尋找各種理由去拒絕任務，主動的去承擔工作責任，發揮自己的才能，為企業做出成績，為主管分擔壓力，這樣終會獲得提升的機會，從而取得事業上的成功。

總之，每一名副手都應以負責的態度引導自己的工作，具備「敢為他人之不敢為」的冒險精神，為企業和主管分憂解難，成為最優秀的副手。

做一個有主見的副手

身為主管助手的副手，必須要有自己的主見和優勢，才能真正成為主管的得力助手。那些只知道唯唯諾諾，遇事沒有主見，大小事不做主的副手並不是主管所賞識的人。

「沒有規矩不成方圓」，在社會生活中任何人的行為都要依據一定的原則。副手之所以能吸引別人，具有非凡的氣魄，就是因為他們都能夠堅持原則而毫不動搖。

而且，在組織或企業內部，高效穩定的管理離不開領導層的密切合作和優勢互補，複雜的管理工作僅僅依靠主管是無法處理好的。

某間公司的總經理要招聘一名副手，經過嚴格篩選，最後剩下五名應聘者作為總經理親自面試的人選。

一般情況下，面試的方式是一個面試完再請下一個。但是這個總經理非常奇怪，把所有的人都集中到一個大會議室，把應聘者搞得莫名其妙。五名應聘者都到齊後，總經理並沒有問這問那，更沒有單獨對某個人問這問那，而是「洋洋得意」的講起了故事：「唐朝有個大將軍，名字叫張飛。有一天，張飛帶領軍隊追擊敵人。那天是一年中最熱的一天，士兵們帶的水早就喝乾了，沿途又沒有可飲用的水，士兵們很累、加上乾渴，連前進的力氣都沒有了。張飛焦急萬分，因為這樣下去會耽誤戰機。後來張飛靈機一動，指著前面對士兵們說，轉過這個山口，前面就是一片梅林，梅子已經成熟了，大家加把勁，很快就可以吃到可口的梅子。士兵們聽說前面有梅子可吃，在條件反射作用下，頓時口舌生津，又有力氣前進了。」

講完故事後，總經理好像有點得意卻不說話，好像在期待著什麼。這把大家都弄糊塗了，有的人竊竊私語，有的人面面相覷，就是沒人說話。終於有個人鼓起勇氣站了起來，他說：「劉總經理，您的故事講得很好，但是我們今天來，不是來聽您講故事的，是來參加面試的。請問您的面試什麼時候開始？」

總經理沒有回答他的問題。過了兩分鐘，總經理看大家還只是莫名其妙的望著他，站起身來就要離開。就在他即將走出大門的時候，一位應聘者站了起來：「劉總經理，請等一等！」總經理站住了，回頭看著他，他說：「我想指出您的錯誤。在您剛才所講的故事中，您至少犯了兩個錯誤：第一，那個將軍不是張飛，是曹操；第二，故事發生的時代不是唐朝，而是在三國時期。儘管我不明白您講這個故事跟今天的面試有何關係，但是我還是想指出來，希望您不要介意。」

第二天，這位應聘者接到了去公司報到的通知。

很明顯，在上面的故事中，那位總經理需要的副手是一個善於發現主管的錯誤並勇於大膽指出的人，尤其是當自己面對自己的「傑出」決策而「洋洋得意」的時候，就更需要一個有主見、勇於指正錯誤的副手站出來大膽發言。那些總害怕因得罪主管而丟飯碗的副手並不是企業所需要的。

而且，凡事都向主管請示，不負責任或害怕負責任的人，往往都缺乏創造性，所以他們對於企業的發展沒有什麼好處，更不可能為主管分擔工作，甚至去做一些富有建設性或創造性的事情。而那些在工作中有主見、勇於開拓創新的人，才有可能為主管創造更多的財富。所以，任何組織或企業都喜歡這樣的副手。

對一個企業的領導層來說，副手富有主見和創造性，是實現領導層成員間優勢互補的關鍵所在。如果凡事都由主管來拿主意，「優勢互補」就無從談起。

從人際關係角度而言，人們總希望能夠獲得自己需要的滿足。如果能夠獲得自己需要的滿足，便會促使自己與對方接近，願意與之建立良好的人際關係；反之則缺乏接近的動力，與對方難以縮短距離。如果對方的存在對自己需要的滿足構成障礙，那麼，便對其產生厭惡的情感，以至於形成敵對的人際關係。因此，主管往往需要一個有主見的副手，以便能夠滿足管理上的需求從而建立主管與副手之間高效率的合作關係。

但是，做一個有主見的副手，並不是說可以隨意實施自己的主見，在許多關鍵之處，都需要向主管予以請示。

那麼，哪些屬於關鍵之處呢？這裡介紹一種把握「關鍵」的「5W法」，即要把握好關鍵的事情、關鍵的地方、關鍵的時刻、關鍵的原因、關鍵的方式：

1．關鍵的事情

關鍵的事情主要包括主管範圍內的事情，而且不屬於作為副手或下屬直接就可以處理的事情；涉及其他主管與部門的事，而且需要主管的其他副手決定或出面，這時必須要請示主管；涉及全方位、影響面大的事情。

2．關鍵的地方

關鍵的地方主要是工作環節中十分關鍵，而且必須由主管決定的地方。比如，召開一個投資研討會，哪些部門主管參加，具體到哪些人參加及會議的程序安排等。

3．關鍵的時刻

對於副手而言，請示主管要把握好「火候」，該請示的時候立即進行，毫不懈怠；不該請示的或不必請示的，就是等待機會，或是在自己職權範圍內靈活的加以解決。

4. 關鍵的原因

向主管請示問題，必須提前做好各方面的準備。比如，問題的來龍去脈、請示主管的關鍵理由，以及對問題如何解決的建設性意見等。這樣請示問題，既能讓主管感覺到事情的重要程度，又能激發主管去慎重考慮。

5. 關鍵的方式

副手身為主管的下屬，請示主管的方式是多種多樣的，但是方式不同，請示的效果也不一樣。比如，有的事情可以用電話請示，有的事情就必須當面請示，有的事情則需要用書面請示，以表示問題的嚴肅性。所以聰明的副手必須選擇恰當的方式進行請示。

強化參與決策的責任意識

在日常工作中，如果副手消極的參與決策，不僅容易使其滋長惰性，不利於自身能力水準的提高，而且也容易造成領導團隊決策失誤，不利於各項工作的順利展開。

在現實工作中，如果一個副手缺乏責任感，所影響的都不只是他自己，而是整個企業，這就是為什麼很多企業要把責任融入到內部的日常生活中的原因。如果一個副手沒有意識到責任對於他乃至整個企業的重要性，那麼他就已經喪失了在這個企業工作的資格，因為副手的不負責任將會使企業的形象蒙受損失。

在生產賓士、BMW 的德國公司裡，每一位副手都對工作具有強烈的責任感，對工作精益求精。面對 BMW、賓士，你一定會感受到德國工業產品那種特殊的技術美感——從高貴的外觀到性能良好的發動機，每一個細節都無可挑剔，從中深深的表現出德國員工對產品、對公司負責的態度。

在一次奧運會的馬拉松比賽中，眾多選手已經完成了比賽。最後，一名叫邁克爾的選手仍然堅持著，吃力的跑進了體育場。

邁克爾是最後一名抵達終點的運動員，此時他的雙腿已經沾滿血汙，但是他沒有放棄，仍然一瘸一拐的堅持到了終點。

於是，有人好奇的問道：「比賽不是早就結束了嗎，你為什麼還要跑到終點啊？既不會給你們國家贏得積分，更不可能拿獎。」

邁克爾這時已經累得說不出話來，但是他仍然輕聲的回答說：「我的國家送我來這裡，不僅僅是叫我起跑的，而是派我來完成這場比賽的。」

可見邁克爾心中裝的不是成敗，而是責任，就是必須完成比賽！不論結果好壞，他都要還國家一個問心無愧的結果。

實際上，相對於一名副手而言也是如此。一個副手一旦進入公司，就意味著在他的人生中，他每天都要用責任來交換自己的工資，也要用責任來證明自己的價值。能否負責任，與其他人無關，只在於你是不是一名優秀的副手，在於你是不是真正的對組織、對企業、對自己有價值。

亨利．沃德．比徹曾經說過：「決定一次航行是否成功，不是離港起航，而是歸航入港。」負責任的副手願意接受別人的考驗和審查，喜歡承擔以貢獻為導向的任務。

一個沒有責任感的人，失去的將是人們對自己的信任和尊重，甚至連生存發展的立命治本——信譽和尊嚴都會失去。一個沒有責任感的副手，組織或企業又怎能給予他重視和信任呢？

每個主管都是精明的，他們是不會容忍那些只知拿薪水、對工作不負責任的副手的，更何況企業與企業之間、組織與組織之間，競爭越來越激烈，只要副手在工作中有一丁點兒不負責任，都有可能導致整個企業蒙受巨大損失。

但是，在實際工作中，少數副手參與決策的責任意識淡薄，有的習慣於唯主管意志行事，決策過程中通常只聽主管提要求、作指示；有的只關心自己範圍內的工作，而對範圍之外的工作則「事不關己」;也有的團體討論決策時，不能坦誠發表自己的意見和看法，容易被他人的意見所左右。

在現實工作中，有極少數的副手參與決策的責任意識淡薄，既有其自身的原因，也有外在因素的影響，歸納出主要有三個方面。

1. 能力水準較弱，無力參與

有的副手疏於學習，政策水準、工作能力比較低，對參與決策感到心有餘而力不足，有的不注意調查研究，對工作中碰到的一些新情況、新問題心中無數，所以盡量少發表個人意見，不僅減輕了自己的工作壓力，而且避免了因意見不當而造成的尷尬。

2. 思想認識存在偏差，無意參與

少數副手在參與決策過程中存在認識偏差，有的認為自己只是副手，反正什麼事都是主管負總責，自己說了也是白說;有的擔心自己提出的方案實施後如果出了問題，自己要承擔責任，所以閉口不談;還有的擔心自己提出不同意見，可能會影響自己與團隊其他成員的關係，出力不討好，所以消極的對待參與決策。

3. 民主氛圍不濃，無法參與

有的主管民主意識淡薄、獨斷專行，不注意聽取和採納團隊成員的意見和建議，凡事自己說了算，在相當程度上剝奪了副手參與決策的權力；有的領導團隊成員關係緊張，開會議時往往難以形成統一的意見，副手無法正常發表自己的見解；也有的團隊不能形成規範的決策機制，對哪些問題需要團體討論決定沒有明確規定，實際工作中突然遇到了，大家就聚在一起開會，否則就由少數人說了算，所以一些副手也就滿足於按照主管指令行事。

在現實工作中，如果副手消極的參與決策，不僅容易使其滋長惰性，不利於自身能力水準的提高，而且也容易造成團隊團體決策失誤，不利於各項工作的順利展開。主管固然應該注意對副手加強教育和引導，但是更重要的還是要靠副手提高責任意識，確實履行好職責。副手在實際工作中，怎樣才能提高參與決策的意識呢？

1. 要注重調查研究，掌握參與決策的客觀依據

對於同一項工作、同一件事，由於視角不同和出發點不同，通常會得出不同的結論，甚至是相反的結論。副手只有充分了解實際情況，才能在決策中做到有的放矢。而副手由於分配某一項或某幾項具體的工作，進行深層次的調查研究工作有便利的條件；副手既要注意深入基層，認真聽取大眾大眾意見，又要注意虛心請教，廣泛徵求單位主管和同事的建議。還要透過調查研究，熟悉內部情況，掌握外部形勢，弄清主管的意

圖，為科學決策收集大量的第一手資料。

2．要著眼全方位，增強參與決策的責任意識

積極參與決策既是領導團隊成員的重要職責，也是保證正確決策的重要條件。不管是主管還是副手，也不管是分配工作還是其他工作，作為領導員工，都應該從全方位出發，增強參與決策的責任意識，積極進言獻策。尤其是對副手而言，由於所處位置的緣故，往往容易陷入被動的唯命是從的境地，所以更要強化自己參與決策的責任意識，為保證團隊正確決策貢獻自己的力量。

3．要公正進言，提高參與決策的實際效果

副手積極參與決策，除了要強化責任意識，提高決策水準，掌握客觀依據外，還要注意切實提高參與決策的實際效果，主要應注意以下幾個方面：

1．要堅持原則，對於一些問題要放下成見、勇於觸及矛盾，提出自己的看法和意見，做到勇於進言、敢進真言。

2．要注意工作方法，既要著眼全方位積極進言獻策，又要時刻注意尊重他人；既要注意廣泛收集各方面的意見，又要力求做到不在私下場合說長道短；不為他人左右，看時機改變自己的主意，又要及時採納別人的正確意見。

3. 要堅決執行團體決策，對領導團隊團體做出的決策，不管是否與自己的意見一致，都要堅決執行。

4. 要加強學習，提高參與決策的實際水準

經濟、科技、社會事業的發展突飛猛進，新知識、新經驗、新問題層出不窮，領導員工要從自身做起，加強學習，確實解決新形勢下員工團隊中存在的知識危機和本領恐慌問題。所以身為副手要積極參與決策，就要適應形勢的需求加強對新知識的學習，不僅要學習與業務相關的知識，也要學習經濟知識和其他社會科學方面的知識，透過知識的累積來提高自身思考的深度和廣度，同時要加強實踐鍛鍊，在實踐中提高自身分析問題和解決問題的能力，從而提高參與決策的實際能力。

問題思考：

1. 假如你是某組織或企業的副手，說一說你對「負責」的根本認識。
2. 結合實際工作，舉例說明，在工作中如果一個副手不負責，會產生哪些危害？
3. 當你閱讀過本章內容後，相信你一定會有所收穫，把你的想法寫下來？

行動指南：

每天下班之前，檢查一下自己的工作，問問自己：「我今天對工作負責了嗎？我積極的參與決策了嗎？」

把你對自己感到不滿的地方寫下來，並且記在心上，然後在工作中逐一加以克服。

第五章　輔佐正職，淡泊明志：善於處理與主管的關係

在一個組織的領導團隊中，主管與副手的關係能否有機協調，直接影響到團隊的奮鬥力和凝聚力，兩者的關係也是人際關係的一個重要組成部分。在這個雙方協調的過程中，往往更需要副手維護主管的核心地位，為主管助威，輔佐主管展開工作。

準確領會主管的意圖

在日常工作中，主管對整個組織負責，需要經常做出決策，對工作進行批示。副手由於往往充當著執行者的角色，其工作都是從接受主管的指示和命令開始的。在與主管相處的過程中。準確到位的領會主管決策的意圖，對副手來說是非常重要的。

在日常工作中，主管對整個組織負責，需要經常做出決策，對工作進行批示。副手由於往往充當著執行者的角色，其工作都是從接受主管的指示和命令開始的。所以在與主管相處的過程中，準確到位的領會主管決策的意圖，對副手來說是非常重要的。這並不是否認副手在管理決策中的作用，副手往往也參與決策，但是並不最終做出決策。

也正是因為如此，準確領會主管決策意圖，充分理解主管指示的內容，明確完成工作的期限和主次順序，然後對主管做出的正確決策、委派的任務及時、切實的執行，副手才能使自己的工作在組織或企業內獲得認可，同時也會使主管對自己產生信賴和欣賞，這也是與主管良好相處的重要條件。

就像打仗一樣，下屬一定要按照上級的作戰意圖、方案、部署兵力、火力，明確作戰的主攻方向、作戰目標，協同作戰，這樣才能取得奮鬥的勝利，否則就有可能影響整個戰局。所以領會主管的意圖是十分重要的。

然而，準確的領會主管的意圖並不是一件簡單的事情。在實際工作中經常會發生下屬對指揮意圖理解偏差的現象。

有一冰球教練賽前向隊員交待說：「你們搶不到球時，不妨用球桿打對方。」比賽進行時，冰球忽然被擊到了場外。一位隊員大聲喊道：「不用找了，沒球也照樣打！」

在這則笑話中，隊員顯然對教練的指揮意圖理解錯位了。對於副手而言，怎樣才能避免這種錯誤呢？

一般情況下，副手可以選擇工作，卻不能選擇主管。而副手要想做好工作，獲得進一步的發展，必須要得到主管的支持與信賴，所以盡可能全面的了解主管，「給其所需，投其所好」，就顯得非常重要了。那麼，副手應從哪些方面了解主管呢？

1. 掌握主管的性格

一個人的性格不難掌握，副手如果能有效利用主管的性格，就會很容易贏得主管的欣賞。

有一優秀的礦務工程師大衛，是耶魯大學畢業的學生，又曾在德國的弗萊堡研讀三年，學成後歸國，就找到當時美國西部的大礦產業主湯姆斯先生，想謀求一個職位。

據說：「湯姆斯是個性情執拗，重視實際的人。他一向不信任那些斯文秀氣專講述理論的礦務工程師。所以這位執拗粗暴的湯姆斯便對大衛說：『我不錄取你，因為你曾在弗萊堡唸過書，腦子裡只有一些幼稚的理論。我可不需要文質彬彬的工程師！』於是大衛就回答說：『如果你答應不跟我的父親說，我想向你說句話。』湯姆斯爽快的答應了。大衛便說：『其實我在弗萊堡沒學到任何學問。』結果湯姆斯大笑著說：『好！非常好！你明天就來上班吧！』」

大衛正是利用了湯姆斯重視實際這一性格特點，從而獲得了自己想要的職位。假如你也能根據主管不同的性格特點，採用相應的方式來對待他，還怕不能得到主管的賞識嗎？

2．了解主管的歷史

一個人的歷史是這個人的發展軌跡，也是這個人發展方向的基本標誌。了解主管的歷史，也就掌握了他的基本奮鬥脈絡。靠個人努力奮鬥走上來的主管，也比較欣賞和喜歡這樣的副手，因為從這樣的副手身上可以看到自己的影子；透過廣泛的建立人際關係而成功的主管，同樣也喜歡擁有豐富人際關係資源並能有效利用這種資源的副手。了解了主管的歷史，就能「投其所好」，從而走進主管的內心，讓其信任你、提拔你。

3．知道主管的長處和弱點

副手，是主管的助手，只要知道了主管的弱點，就能彌補其不足，幫助他做出正確的決策，他就會在心裡欣賞你的能力。另外，請主管談論他的長處，做一個忠實的聽眾，主管自然會對你大為滿意。

4．觀察主管的好惡

不論是誰，都有自己所喜歡的和所厭惡的。而一些帶有個人感情色彩的態度，也很容易表露出來。副手如果細心觀察，就不難發現主管的好惡，從而「投其所好、棄其所惡」，自然能增加你在主管心中的分量。

比如，主管是一個體育愛好者，在他喜歡的球隊比賽失敗後，副手就不應去請示一個需要解決的工作問題。可如果是他喜歡的球隊贏了比賽，此時你去請示，他就會很爽快的答應你的要求。

5. 適應主管的工作作風

不同的主管有不同的工作方法，處理問題的方式也各有不同。比如，主管重視按規章制度辦事，那就不能隨便進行處理；主管辦事乾淨利索，就不能做事拖拖拉拉；主管喜歡知道大小事務的進展，就要詳細向他匯報；主管討厭著冗長的文件，就要抓住重點，最好進行口頭匯報。

總之，想要成為優秀的副手，就要根據主管的工作作風，來確定自己的工作方式，以保持與主管的步調一致，使主管感到滿意。

巧妙的向主管提建議

一般說來，副手給主管提建議，無論是在正式場合，還是在非正式場合，其目的都是為了能夠讓主管採納或接受，從而既有利於工作的展開。副手給主管提建議要講究方法和技巧的；否則，即使建議合理，也有不被接受的可能。

在現代組織或企業內部，副手給主管提建議，不論是在正式場合，還是在非正式場合，其目的都是為了能夠讓主管採納或接受，從而既有利於工作的展開，也有利於組織管理目標的實現。

美國總統威爾遜在任職期間，在他的顧問團隊中間，唯有霍士最得他的信任。別人的意見他很少採用，而霍士卻屢屢進言並被採納，後來霍士做了威爾遜的副總統。

霍士曾自述說：「我認識總統之後，發現了一個讓他接受我的建議的最好辦法，我先把計畫偶然的透露給他，使他感到興趣。這是在一次偶然的機會中發現的。有一次我去晉見總統，向他提出一個政治方案，可是他對此表示反對。但是幾天之後，在一次筵席上，我很吃驚的聽到他將我的建議當做他自己的意見發表了。」

霍士不但使威爾遜自信這種思想是自己的，後來他還犧牲了自己許多「偉大」的計畫，讓給威爾遜來獲得民眾的擁戴。霍士怎樣把計畫移植到威爾遜心中呢？

原來，霍士常常走進總統辦公室，以一種請教的口吻提出建議：「總統先生，不知道的這個想法是否……？」「您不覺得這樣做還有什麼不妥嗎……？」「我們是不是這樣……？」霍士把自己的思想不露痕跡的灌入到威爾遜的大腦，使他從自己的角度考慮這些計畫，加以完善並付諸於實施。

從上面的事例中可以發現，給主管提建議不是隨隨便便的事，必須講究方式方法。雖然這個事例屬於政治事務範疇，但是道理都是一樣的。在組織或企業的管理中，副手向主管提出的建議是否被接受，不僅取決於建議內容本身的合理性，還往往取決於副手提出建議的方式。注意提建議的方式方法，就是要時刻注意主管的心理感受和變化軌跡，就是要求副手在提建議的時候首先要獲得主管的心理認同。

在二戰時期，蘇聯有位指揮官叫華西里也夫斯基，他在總參謀部工作，深得史達林的信任。他之所以能夠得到史達林的賞識和信任，重要的一點在於他很會提建議。他提建議的方法是：每次在與史達林交談時，他有意識的犯一些錯誤，給史達林充分的機會去糾正錯誤，以表現其英明，然後把自己的最有價值的想法含混的講給史達林，由史達林形成完整的策略計畫公開發表。史達林的許多重要決策就是這樣產生的。

從上面這個例子中，我們已經隱隱可以發現一個祕訣——一個促使人們意見一致的祕訣：讓別人覺得那是他們的主意。人們所缺乏的也許並不是才華和智慧，而是一種主觀能動性或者是一種自我的確證。

在現代組織或企業內部，由於管理實踐的領域多、範圍廣，所以副手提建議的方式方法不僅豐富多樣，而且靈活多變。一般說來，應該主要採取以下幾種方法：

一、變建議為請教

在提建議的過程中，如果副手能夠變換一下方式，以請教的方式向主管提出建議，會使主管感到被人尊重，增加主管對他的信任，從而有利於減少摩擦和敵意，建立彼此相容的心理基礎。而且，以請教的方式提出建議還具有以下兩種益處：

1. 以請教的方式提建議，說明副手在提建議之前，已仔細的研究和推敲了主管的方案和計畫，是以認真、科學的態度來對待主管的思想的。經過向主管請教，能夠實現求同，隨著共同的東西的增多，雙方也就越發熟悉，越發能感受到心理上的親近，從而消除疑慮和戒心，使主管更容易相信和接受副手的觀點和建議。

2. 以請教的方式提建議，可以增強主管對副手的信任感。當副手用誠懇的態度來進行彼此的溝通時，主管會逐漸了解副手的動機，而且願意傾聽副手對問題的分析和建議。能夠傾聽副手提出建議的過程，就是一種信任。

二、善用迂回曲折的方法

在提建議的過程中，如果副手直接的表達反對性意見，往往會激起主管的不良情緒反應，挫傷主管的自尊和臉面，造成不必要的衝突和摩擦。因為如果一個人受到激烈言辭的迎頭痛擊時，一般都會產生不快、反感、厭惡乃至憤怒和仇視。但是對於許多主管而言，由於經驗頗多，久經世故，是能夠臨危不亂，沉得住氣的，不會立即做出過激的反應。而且素養高的主管能夠自控，不會偏狹的受情緒左右、意氣用事。儘管如此，由於副手等下屬的直接反對或責罵，也會挫傷主管的自尊和臉面，主管的身分又決定了他非常講究臉面，所以很容易激發起新的矛盾。

因此，迂回的表達反對性意見，可避免直接的衝突，減少摩擦，使主管更願意考慮你的意見，而不被情緒所左右。副手向主管表達反對性意見時，透過迂回的方式表達是非常奏效的。你無須過多的言辭，無須撕破臉面，更無須犧牲自己，就可以說服主管接受自己的觀點。

組織或企業的經營往往承擔著很大的風險，對於一些重大的問題，副手則需要及時向主管反映，不能瞻前顧後、耽誤時間。

三、選擇主管心情好時提建議

給主管提建議，關鍵就在於要掌握好合適的時機。時機選擇是否得當，對於所提建議的效果也起一定的影響。有句俗語，叫做「人逢喜事精神爽」，就是說精神狀態如何對處理事情的結果是有一定影響的。

心理學家的研究成果也顯示，一個人在情緒不佳、心有憂懼等低落狀態下要比平常更容易悲觀失望，思考遲鈍且懶於思考，情感波動大並易產生過激行為。這說明人是一種有著複雜的生理和心理特徵的動物，其思考特徵要受到某種心理狀態的影響。在人與人之間的交流中，一定要注意對方的情感變化，趨利避害，從而占據某種心理方面的優勢和主動，防止自己受到不必要的消極的傷害。

主管也同樣無法擺脫上述思考規律的影響，這就提醒副手們，一定不要在主管情緒不佳的時候提建議，更不要表達自己強烈的主見，而應該在主管心情愉快時提建議，從而更容易被主管所接受。副手可以採取潛移默化的方式，也可以運用借題發揮巧妙引申的方法。但是不論採取哪一種方法，都盡量不要使主管感到難堪，更不能使主管掃興。

四、採用「以子之矛攻子之盾」的方法

向主管提建議，尤其是勸諫主管時，用「以子之矛攻子之盾」之法是一種非常明智而有效的策略。因為它的巧妙之處在於，能夠引用主管的言行作為依據，因而能取得主管心理上的認同，引發其深思；再把主管的言行加以引申，最後得出一個顯而易見的不可行的結論，就會使主管得以醒悟。

在現實工作中，副手運用「以子之矛攻子之盾」的方法，一定要注意以下幾點：

1. 要注意場合

用主管的話來批駁他的某些觀點，最好是在私下場合中使用，而不宜在公開場合或是有他人在一旁的情況下運用。在私下裡，即使你對主管有所觸痛，如果言之有理，主管也會採取比較寬容的態度。即使在公開場合提建議，也應該「先肯定，後否定」，即首先肯定主管決策、意見中的合理部分，然後再否定主管決策、意見中的不合理部分。這樣做就是要注意主管的面子。很多人在處理人際關係時是最講究「面子」的，給主管留面子，既可以顯示你對主管是尊重的，提建議是善意的，又等於給自己留下了充分的餘地，你可以利用這個餘地同主管在私下裡進行更為深入的交流和探討。

2. 要注意語氣和措辭

運用「以子之矛攻子之盾」方法，就是要提醒主管注意自己的言行不一致性，或者是對其論點做出某種程度的否定。運用這種方法，搞不好就會有嘲諷主管之嫌。所以，運用此法，要注意語氣適當、措辭委婉，尤其是要使主管明確的認知，你的所作所為都是出於做好工作的動機，是為主管設身處地的著想，而不是另有所指。

3. 言詞要盡量簡短含蓄

「言多必失」，運用此法批駁主管時，只要指明大意就可以了，其中的推理不妨由主管自己來做，越是語言簡短，越是語意含混，就越能引起主管的深思，又不會引起主管的猜忌。

執行命令，絕不盲從

在現實工作中，副手要按主管的意圖辦事，服從主管，執行命令。但這絕不意味著一味的盲從。

在現代組織或企業內部，對於副手而言，服從主管的指揮，執行主管下達的命令，是處理上下屬關係中最基本的原則，同時也是處理其他一切關係的基礎。但是副手按主管的意圖辦事、服從主管、執行命令，絕不意味著就是一味的盲從。

在工作中，主管是主要負責人，居於主導地位，擁有行政指揮的決定權。雖然一個團隊團隊要有發揚民主的風氣，副手在權力分配和運用上可以與主管平分秋色，而是要求副手透過團體領導來維護主管的領導和主導地位，充分發揮團隊的整體功能。

此外，主管的命令和決策，不是個人的意見，通常是經過整體團隊團體研究做出的決定，是團隊智慧的結晶。所以，副手服從主管的指揮，貫徹主管命令也是順理成章的事情。一個團隊好比一個樂隊，主管就是樂隊的指揮，每個副手都要按照自己擔任的角色，根據「總樂譜」的要求，在主管的指揮下，各司其職、各負其責、默契配合，才能奏出美妙和諧的樂章。

某企業下屬的房地產公司副經理王先生，在公司楊總經理的指示下，向承接公司工程的某公司索要「讓利款」，進而達成按工程總造價一定比例讓利的一致意見。在中心付完全部工程款後，王先生於二〇〇五、二〇〇六年間先後三次從某公司取得共計兩百五十萬元的「讓利款」。當楊總決定將「讓利款」存入公司私設的小金庫，作為帳外收入時，王先生雖認為這樣做不妥當，但是考慮到自己是楊總經理一手提拔的，最後還是盲目執行，導致存入小金庫的兩百五十萬元被用於帳外開銷。最後，兩個人最後都受到了法律的制裁。

可見，副手服從主管領導，按主管的意見辦事也只能執行其正確的意見，對其錯誤決策和以權謀私的想法，不僅不能執行還要想辦法抵制和反對。尤其是對於主管的原則性錯誤，副手一定要有正確的立場，不能與主管妥協。

除此之外，對於主管在工作中考慮不周、安排不當的行為，副手需要勇於提出自己不同的意見，不能像《紅樓夢》中的薛寶釵那樣「老太太喜歡的我都喜歡」，一味的唯上是從。

但是，常常會出現副手拒不服從主管的現象，這對一名副手來說，是與主管相處中最糟糕的事情，輕則影響工作效率，減弱團隊的執行力，重則會造成領導層的變更和動盪。之所以出現這種情況，大致包括以下幾種情況：

1. 主管是女性，而副手是男性。由於副手受傳統思想的影響和自己的心態不能及時擺正，常常不服從女性主管，甚至處處與女性主管為難。雖然女人和男人在體力方面有差距，雖然女人因生理特徵參加社會活動的時間和精力受到很大的限制，但是女人在智力方面與男人卻不相上下，且還有優於男人的地方。就從事領導工作來說，在某種情況下，女人做工作更詳細、更有情感，所以更有成效。對於男性副手，一定要克服歧視女性主管的錯誤心理，服從女性主管的領導，支援女性主管的工作，盡量給她創造寬鬆的工作環境，使其發揮女性獨特的領導魅力。

2. 主管是從其他部門提拔調任的，或是由本部門資歷淺、排名靠後的同級副手升官的，而副手在本部門、單位任職時間較長。對於任職時間較長的副手而言，當新的主管堵了自己提升的路時，就會產生一種失落感，容易在主管面前擺老資格，或我行我素不服從管理。對於企業或組織選拔副手，常常是根據部門和工作的實際需求綜合考慮後做出的決定。

所以，作為一名副手，要正確看待同級副手的提拔，正確的估價自己，只有真正認知自己的不足，才有可能克服不足。儘管自己任職時間較長，也應該服從主管，維護主管的權威，支援主管的工作，這也是工作職責的要求。

3. 副手能力強，而主管能力比副手要弱，對於年輕有為、躊躇滿志的副手而言，容易瞧不起主管，對主管的缺點和不足擴大化、片面化，甚至單從缺點方面去評價主管。對於一名副手而言，需要有一定的心胸和氣量才能做好領導工作，如果對於主管的不足都不能容忍，對主管的長處和優點視而不見，是很難有工作成績的，也難為下屬所服。

所以，副手應當在理解和尊重主管的基礎上，努力發揮自己的聰明才智，盡量用自己的單項或多項優勢，與主管形成主從型配合關係，透過優勢互補，團結全體成員，共同處理好工作。

除此之外，還有一些突發的情況，造成副手不服從主管的命令和管理，其原因或者是因為副手剛剛受到主管的責罵或成為主管的發洩對象，心中感到不平，以情緒化的方式來對待主管；或者是因為主管的原因使副手的利益不能滿足，對主管產生牴觸情緒；或者是主管的決策與副手有根本性分歧，交辦的事情對副手沒有任何好處卻可能得罪同級副手時，對主管的決定拒不執行。

在工作中出現上述情況時，副手可以巧妙的表示自己的不滿，但是不能對主管的決策拒不執行，可以在執行中提出自己的意見。這樣做，不僅可以使主管重新思考，副手自己也可以在情感上掩飾著很大的不滿，最終理智的執行了主管的決定。對副手的氣度和胸襟，主管肯定有所感想。假如以情緒化的方式來對待主管以表示自己的不滿，就會進入不愉快的狀態。要緩和這種僵局，所付出的代價可能比當初忍辱負重的服從要大出幾倍或幾十倍。所以副手學會暫時的忍耐，是一種服從的技巧。

副手除了必要的、暫時的忍耐以外，還要掌握一些服從的技巧：

1. 對有明顯缺陷的主管，要積極配合，學會輔助。
2. 當主管的任務確實有難度，其他同級副手畏首畏尾時，要有勇氣出來承擔，顯示出自己的膽略、勇氣以及能力。
3. 要主動爭取主管的領導，而不是被動的接受領導。因為請示主管的領導比順從主管的領導更高一個層次，是一種變被動為主動的技巧，因此這種工作方式已越來越受到現代型的主管和副手們的高度重視。

淡泊明志，兢兢業業

身為副手除了要有充滿幹勁的工作熱情外，更少不得一種「淡泊以明志，寧靜以致遠」的心態和兢兢業業的工作作風，盡責任不謀職位，拚事業不謀私利，重實績不圖虛名，不能總想著自己在名利和功勞上盡顯「風采」，使主管的地位和作用顯得黯然失色。

早在兩千多年前，輔佐周武王滅商的姜子牙說：「夫高鳥盡，良弓藏，敵國滅，名將亡。亡者，非喪其身者，乃奪其威而廢其權也。」這段話的意思是，名將並非亡於陣前，而是喪於「敵國滅」之後，因為他們奪了主管的「威」，必然導致被廢權這樣的結局。

戰國的吳王夫差賜死重臣伍子胥，越王勾踐又用同一口寶劍逼文仲自盡。這兩人本領相當，都功高權重，生前互為勁敵，又落得如出一轍的下場。劉邦稱帝滅掉項羽之後，殺韓信，滅陳浠，破英布，誅彭越，終於在無限的寂寞中高唱《大風歌》——猛士盡去矣，安得守四方！還有朱元璋，也是在安定天下後一一殺掉了曾輔助自己的一幫良將和謀士。

這是發生在政治對抗中，因為功高震主而不能使副手安居其位的事件。實際上，在現代企業的人事變動中，也同樣存著很多因「功高震主」而不能與主管相處下去的副手，他們往往為企業的發展做出了傑出的成績，卻在企業正處輝煌的時候突然離去。其中的原因或許是多方面的。但是「功高」都是不爭的事實。

一山容不得二虎，二虎相爭，是否受傷的總是副手？在眾多組織或企業告別草莽英雄時代、開始向管理要效率的時候，主管如何公正對待自己的副手並且最大程度激勵他們？與此同時，副手如何能在強勢的主管面前找到自己的生存和發展空間？這兩個問題一直在困繞著所有在職的主管和副手。

李小姐是一名優秀的職業女性，在一家著名的上市公司工作。因為工作上表現出色，李小姐深得企業主管的賞識，先後被指派到不同的部門擔任主管職位。在公司裡她經常被主管公開表揚，平常一些公司活動基本也由她來組織策劃，再加上她善於培養人才，曾為公司成功的培養了幾個副職骨幹。這些成績也使李小姐工作起來更加自信。

不久，李小姐被調到了採購部任副部長，工作卻出現了麻煩。因為她總感覺主管不喜歡她、甚至在排擠她，有些她完全能勝任的、重要的工作不交給她，只是讓她處理一些次要的任務。這使她感到非常苦悶，一度萌生跳槽的想法。

後來，李小姐去找了一家人力諮詢公司諮詢，諮詢公司得出的結論是：她和上司一個是部門的副手，一個是部門的主管，由於她在公司是一個大紅人，很有口碑，公司高層也非常賞識她，這在無形中會給這個主管形成壓力和威脅感，為了穩固自己的地位，主管有意無意的有排擠副手的自我保護意識，這在主管與副手的相處中是非常常見的事情。

找到了癥結所在，李小姐心裡就知道該怎麼做了。在以後的工作中，對於主管安排的次要工作就踏踏實實的做好；對於一些問題，總時不時的去向主管請教；在公司高層的總結會上，總是提出主管的成績和管理有方。

總之，李小姐在採購部的工作中，更多的是表現出一種兢兢業業的工作態度。而不是以前的比較張揚的工作作風。過了一段時間，李小姐找回了原來那種工作起來比較順暢的感覺，與主管的之間的配合也漸漸的默契起來。

上面的案例其實表現了副手在面對「功高震主」的時候，一種非常有效的應對策略，在工作中淡泊名利，甘於默默無聞，以行動支援主管的工作，表現主管的業績。

對於副手而言，「功高震主」是一件非常危險的事。與主管相處，就是有時自己的建議或反對意見使主管很不樂意，或者是自己的一時行為不當造成了對主管的「不敬」，這些都可能會因主管的寬容大度而一笑置之。當副手鋒芒畢露、光芒四射，使主管黯淡無光時，那麼與主管可能就無法相處了。作為一名副手，功高震主實在是一件很危險的事情，處理不好就可能會被「清理掉」。

在網路上有一個非常有趣的自由論壇，主題是「誰將是唐僧的副手？」很有代表性。假設取經的唐僧想提拔一位副手，那麼他將在悟空、八戒和沙僧三人中選哪一位呢？

許多人都認為沙僧合適。為什麼會是這樣的選擇呢？分析起來，是人們不放心鋒芒畢露的孫悟空，內心又有幾分看不起乖巧玲瓏的豬八戒，於是不引人注意的沙僧就顯得忠厚老成、誠實可信了。

試想：一個默默的挑著行囊、任勞任怨、不介入權力之爭，連齋飯也不多貪一口的、淡泊一切的人物，怎能不讓人信任呢？沙僧這樣的人能吃苦，並且不要求別人同他一道吃苦；他沒有鋒芒，也就不會苛求他人。在他的領導下，人們是會工作得輕鬆一些的，起碼不用擔心爭名奪利之類的事情發生，而主管也大可放心了。

副手可能成為忠臣，可能變成賊子。到底是忠臣還是賊子，取決於與主管的相處之道。作為一名副手，除了要有充滿幹勁的工作熱情外，更少不得一種「淡泊以明志，寧靜以致遠」的心態和兢兢業業的工作作風，盡責任不謀職位，做事業不謀私利，重實績不圖虛名，不能總想著自己在名利和功勞上盡顯「風采」，使主管的地位和作用顯得黯然失色。

為了避免「功高震主」之嫌，副手在工作中需要有一種「讓」的胸襟。這裡說的「讓」，是指推功攬過、濟人利物，在榮譽、好處面前總能想到主管、下屬和骨幹功臣，以及曾為事業的成功付出了汗水和心智的其他員工。一個簡單的「讓」字，做到很難，做好更不容易。

此外，與主管相處辦事，副手應盡量把功勞歸功於主管。雖然是副手的能力起了決定性作用，但是在分析成果時，也要考慮到主管正確指導的作用。既有利於樹立主管的威信，同時也可贏得主管更多的信任。

轉化衝突為凝聚力

在日常工作中，激發良性衝突，轉化衝突為凝聚力是非常重要的。主管與副手之間要建立起一種互相信任的關係，就必須防止發生矛盾和衝突，才能在工作中相互配合，相互輔助、共同促進。

在經濟學領域，有一個理論叫「鯰魚效應」。鯰魚效應是說：有很多的漁民遠航去海上捕魚，當他們回到碼頭時發現許多艙裡的魚都悶死了，獨有一個魚艙的魚活蹦亂跳。原來這個艙裡放著幾條鯰魚，鯰魚不停的躥動，攪得滿艙的魚都跟著上下騰躍，從而帶來了空氣和活力。

在工作中同樣的道理，即：沒有衝突，效率就會降低，從而嚴重影響正常的工作。

在日本很多公司一談到「合作」或是「共識」的時候，通常就意味著埋沒個人的意見。SONY公司的總裁盛田昭夫總是鼓勵大家公開提出意見，不同的意見越多越好，因為這樣最後的結論才會更為高明。盛田昭夫認為許多日本公司之所以喜歡使用「合作」

和「共識」這樣的字眼，是因為他們不欣賞特立獨行的員工，所以，他們經常把「合作」掛在嘴邊，並企圖以此代表能善用員工不同的意見。SONY 公司今天的成功，大部分原因在於 SONY 員工及主管都具備這種轉化衝突為凝聚力的能力。

當盛田昭夫擔任 SONY 公司的副總裁時，與當時的董事長田島道治有過一次衝突。田島道治負責皇室的一切事宜，是位老派的望族。盛田昭夫的一些意見激怒了他，盛田昭夫明知田島道治反對，卻堅持不退讓。最後田島道治氣憤的對盛田昭夫說：「盛田，你的意見與我相左，我不願意待在這個一切照你意思行事的公司裡，害得 SONY 有時候還要為這些事吵架。」

但是盛田昭夫卻非常直率的回答：「田島先生，如果你和我的意見完全一樣，我們倆個就不需要待在同一家公司裡領兩份薪水了，你我之一應該辭職，就因為你我看法不一樣，公司犯錯的風險才會減少。請先不要動怒，考慮一下我的看法。假如你因為與我的意見不合而要辭職，就是對 SONY 公司的不忠。」

後來，盛田昭夫從自己的工作實踐中體會到，激發良性衝突，讓員工表達出自己的不滿、發表責罵意見於企業非但不是不幸，反而有利於使企業少冒風險。

盛田昭夫過去幾乎每天晚上都與許多年輕的中下級主管一起吃晚飯，而且聊得很晚。有一次，他注意到一位員工心神不寧，盛田昭夫就鼓勵他說出心裡話來，幾杯酒落肚後，這位員工打開話匣子：「在加入SONY公司以前，我以為這是家了不起的公司，也是我唯一加入的公司，但是我的職位低下，我是在為上司某某先生賣命，不是為SONY工作，我的上司就是公司，他就代表著公司本身。這人是個草包，我所做或建議的每一件事情，都必須由他決定，我對SONY的前途感到擔心。」盛田昭夫認為這種不滿發洩出來有利於公司的進步，他一直透過了解這些衝突去了解公司。

由此可見，良性衝突對提高團隊成員的積極性，調動團隊成員對工作的熱情等各方面都有很好的促進作用。要想高效的工作就應該注意把握住衝突的尺度，對衝突進行建設性的引導。

傑克．威爾許在團隊建設的過程中也非常重視發揮建設性衝突的積極作用。他認為開放、坦誠、不分彼此的建設性衝突是團隊合作成功的必須要素。團隊成員必須反對盲目的服從，每一位副手都應有表達反對意見的自由和自信，並稱此為建設性衝突的開放式辯論風格。

在現實工作中，衝突是由於副手與主管之間的觀點、需要、欲望、利益和要求不相容而引起的矛盾。副手與主管之間的衝突表現是多種多樣的，究其原因主要可歸納為三個方面：

1. **認知上的差異所引起的衝突**

副手與主管各自的經歷不同，所具有的經驗不同，思考方式也不盡相同，他們常常會自覺或不自覺的把自己個人經歷中得到的經驗和體會作為認識問題的出發點，所以容易出現認識上的分歧。

2. **職位不同所引起的衝突**

副手與主管之間實質上是一種主次的工作關係，這種工作關係容易產生一方強加於另一方，或一方為另一方所取代的現象，從而在日常工作、生活中引起衝突。

3. **性格差異引起的衝突**

世界上沒有兩個完全相同的人，每個人都有其獨特的個性特點和行為習慣。在副手與主管之間，一個性情暴躁、態度蠻橫的人不容易處理好人際關係；一個自高自大、目空一切的人會引起對方的反感，導致人際衝突；一個嫉妒心強的人，既不容人，也難容於人，易於與對方發生衝突。

實際上，作為一名副手，對與主管的衝突要正確對待，講究方法和藝術，才能得到妥善處理。

1．寬容相待

寬容就是在心理上能容納各種不同心理的人，要做到心理相容。寬容是副手調控與主管衝突的基本策略。副手要心胸寬闊，豁然大度，要「宰相肚裡能撐船」，而不是「小肚雞腸」，要做到能容言，即能傾聽、容納各種不同意見，尤其是對於主管的責罵意見；能容過，即不苛求於人；能容才，即不嫉妒他人。

2．用溝通化解誤解

在日常工作中，副手與主管之間很容易產生誤解。誤解產生的原因雖然是非常複雜的，其中之一是因為資訊不通或溝通不夠造成的。副手與主管的資訊溝通是靠副手向主管提供資訊，而主管為副手提供的資訊則很少。這是因為主管抓全面工作，他一方面不可能知道所有基層的各種事務，二是出言謹慎，不能隨便的把一些非公開的資訊向副手擴散。身為副手當然應該明白這一道理，在與主管進行資訊溝通時，不要計較主管流向自己的信息量太小，而應積極主動的回饋各種資訊。

3．維護主管要適度

美國心理學家羅伯特．索然認為，人都有把自己圈住的心理上的個體空間，即為自己割據一定的「領土」，不容許他人侵犯，成為保護個體心理安全的緩衝地帶。副手在處理與主管的關係時，也必須要有一個緩衝地帶，意即：不要「不及」，也不要「過分」，力爭保持在一種有利於工作、事業和個人發展的適當限度內。這種適度包括工作交往等各個方面，不論哪一方面都要做到頻率適當、角色適宜，既達到目的，又沒有副作用，更可以防止關係的大起大落。這裡特別需要強調的是維護主管要適度，不要弄得鞍前馬後，反而自討沒趣。

4. 嚴於律已，寬以待人

人都是有個性的，而且有優有劣。主管的個性也未必盡如人意，所以要寬容主管的某些特性。過分苛求只能給自己與主管的關係製造障礙，使自己陷入精神的苦悶和情緒的怨忿中難以超脫。

當然，寬容別人還應該建立在嚴於律已的基礎之上。將心比心，「已所不欲，勿施於人」，要「大事清楚，小事糊塗」，不對主管斤斤計較，不隨便講主管的短處，更不能誹謗主管。這樣，才能緩解和調控與主管的個性衝突。

5. 要有平等意識

樹立平等意識是建立良好的人際關係的前提。一般情況下，很多副手與主管之間表現著嚴格的平等關係，兩者雖然彼此只有職能的差別，而在經濟、政治、權利等方面則是完全平等的。在日常工作中，副手固然要服從命令，聽從指揮，但是主管也要尊重、關心、愛護副手，彼此之間相互支持、配合、尊重、合作。

6. 誠實而講信用

誠實就是待人要真誠、實事求是、不口是心非、不坑人騙人、不弄虛作假、不耍陰謀詭計。信用則是遵守諾言、說話算話。誠實是信用的基礎，信用是誠實的表現。誠實、信用是人類崇尚的美德。

在現實工作中，副手在與主管相處時，誠實信用是必須要堅持的原則。因為，只有在誠實、信用的前提下，雙方才能建立起一種互相信任的關係，才能防止發生矛盾和衝突，才能在工作中相互配合，相互輔助、共同促進。

能忍辱者方能負重

在面對羞辱時，優秀的副手往往會懂得忍耐。因為他們首先想到的不是自己的面子，而是如何以此為契機，讓自己的能力和素養獲得快速的提升和飛躍。

在金庸的小說《倚天屠龍記》中，武當派掌門人張三豐說：「不忍辱焉能負重？」——不忍受屈辱，怎麼能夠擔負重任呢？這句話，對於所有組織或企業的副手來說，也非常重要。

為什麼這麼說呢？因為副手處在特殊的位置，很多時候，在工作中常常會受到來自各方的壓力；主管的責難，同級副手的誤會，甚至是下屬的牴觸和客戶的責罵。這時候該怎麼辦？發脾氣？抱怨？一走了之？當然不能。因為這樣不但解決不了任何問題，或許還會因為一時的衝動，讓自己陷入被動的局面中。

優秀的副手往往都能夠明白這個道理，在面對羞辱時，要懂得忍耐。因為他們首先想到的不是自己的面子，而是如何以此為契機，讓自己的能力和素養獲得快速的提升和飛躍。忍辱方能負重，要負重的人就一定要能忍辱。身為副手能否忍辱非常重要，假如能夠承受別人的侮辱和輕蔑，他的魅力就會慢慢加強。

日本著名的三井物產的總裁八尋俊邦，就是一個懂得忍一時之辱，最終成就了一倍大業的典範。

一九四〇年，由於在越南的業績非常突出，八尋俊邦被調回三井物產的總部，並升任為神戶分店的橡膠課課長。在他任課長期間，由於橡膠行情大幅下滑，加上他的應變措施實施得太慢，公司造成了嚴重的損失，八尋俊邦因此被降為一般職員。

業績下滑在很大程度上是外在客觀原因造成的，而將錯誤完全歸咎於八尋俊邦的頭上未免有失偏頗，何況他還是有功之臣，但是公司還是毫不留情的將他降了職。可能很多副手們遭遇這樣的情況時，會感到莫大的恥辱，甚至對企業失去信心，所以一走了之、另謀高就。

對八尋俊邦而言，受到這樣的處罰雖然讓他感到既難過又羞辱，對他打擊也非常大，他還是選擇了忍耐。從哪裡跌倒，就要從哪裡爬起來，他真的做到了。八尋俊邦告訴自己：以前的光榮都已成為過去，重要的是今後再遇上問題時要懂得如何處理、應變。他在內心不斷的鼓勵自己：「絕不氣餒。」而且，他很快調整了自己的心態，重新帶著熱情投入到工作中去。

一年後，八尋俊邦被分配到石油製品部門，他感到展現自己才華的時機到了，於是開始大展拳腳。很快他就升任為三井物產化學品部門的部長。最終他成為三井物產的總裁。

從八尋俊邦的經歷中，我們不難明白這樣一個道理：忍辱並不代表無能，今天的忍辱，是為了明天能夠更好的負重。

很多副手都不明白這個道理。經過總結，副手可以分為以下幾種類型：

1. 一點不能「忍」，一碰就有「氣」，誰也說不得，誰也惹不得。這是最差勁的副手。
2. 遇到指責，認真思考，有則改之，無則加勉。即使是別人犯了百分之百的錯，自己也要承擔百分之百的責任。也許你會說，這種副手就是最好的了。這並不是最優秀的。
3. 主動「找氣」受。或許你會感到奇怪，為什麼要主動「找氣」受呢?當一個人處於副手的位置時，相對基層員工來說，就是處在高位上。下屬出於對你的敬畏，你聽到的指責聲會大大減少，同時也減少了你傾聽問題的機會，很容易飄飄然而不自知。而優秀的副手則會放下自己的架子，主動深入基層，既能看到組織或企業中存在的問題，也能看到自己身上存在的問題。

顯而易見，第三種副手才是最優秀的！

所以，我們更應該明白忍辱才能負重的道理。當面對「辱」時，一流的副手都應該明確以下幾點：

1. 小不忍，則亂大謀。身為副手，當你的決策和工作能力受到懷疑與不理解時，假如激烈爭辯甚至憤然離去，都可能會導致你的理想、價值無法實現。如果你能夠忍得一時之氣，將眼光放長遠，日後必將成就大事。「辱」是一個人成長中最好的老師。「辱」的另一層含義，是我們本身有沒做到位的地方。

2. 當受到責罵或辱罵時，優秀的副手會立即自我反省，是否因為自己的能力不夠，或做事方式不妥。有時一個人很難看清自己，而旁觀者的眼睛總是能看到他的不足。不妨將此當做自己成長的契機，放下架子，讓「辱」引導自己改正缺點，完善自己、迅速成長。生氣不如爭氣也許你所受的「辱」是不白之冤，與其生氣不如爭氣。

3. 當遭受誤解時，不妨用行動和事實來改變現狀。當一個副手做出成績時，不僅要讓主管看到自己的能力，更要讓他看到自己的胸襟與氣度。為解決問題去主動找「辱」，是對事業負責的最高表現。

總之，作為一名副手如果能做到以上三點，則必會成為主管和下屬眼中最值得信任的中層管理者，也必將成為眼光長遠、心懷遠大抱負的棟梁之才！

時刻維護主管的權威

每個主管都喜歡有一個能為自己工作「拾遺補缺」的副手。如果你能夠與主管結為知己，在適當的時候，幫助主管填補一些工作上的漏洞，維護主管的威信，相信對自己的事業及前程定會大有好處。

在一個組織或企業的內部，作為一名副手，要想表現自己的忠誠之心，就要能主動替主管排憂解難。

現實工作中，大多數主管都希望自己的部下聰明能幹，能夠替自己衝鋒陷陣、解決問題，能夠為自己擋住部分「槍林彈雨」。因為主管不是神，沒有三頭六臂，他也會有決策上的失誤或是其他方面的困難和麻煩。

作為一名副手，如果你想成為最優秀的，就必須主動為主管排憂解難，以表達自己的忠誠之心，你同時也會得到重用。

某企業新招了一批職員，總經理抽時間與新員工見面。在點名的時候，總經理叫道：「張芯。」

全場一片寂靜，沒人應答。總經理又念了一遍。這時，一個女孩站了起來，怯生生的說：「我叫張『蕊』，不叫張『芯』。」

這時，人群中發出一陣低低的笑聲，總經理的臉色表情很有些不自然。「經理，是我把字寫錯了。」一個精幹的副手站了起來，說道。「太馬虎了，下次注意。」總經理揮了揮手，繼續念了下去。

這位副手真是個「輔助」的能手，沒過多久，他便被總經理提升為人事部經理了。

可見，金無足赤，人無完人。主管也是如此，工作千頭萬緒，用人管人千難萬難，疏忽和漏洞在所難免。這時候副手就應該主動出擊，幫助主管分擔一些責任。任何主管都喜歡忠於自己、能夠維護自己權威的副手。

那麼，在現實工作中，副手怎樣才能更好的維護主管的權威呢？

1. 當副手與主管對立時

許多員工以玩世不恭的姿態對待工作，他們頻繁跳槽，覺得自己所做的工作是在出賣工作力；他們蔑視敬業精神，嘲諷忠誠，將其視為主管剝削、愚弄下屬的手段；他們認為自己之所以工作，不過是迫於生計的需求。

所以，即使主管很公正、決策一貫正確，員工也可能與企業出現對立面。這時，身為副手，也許你會站在這些員工一邊，一起抵抗主管，這樣做無疑是掉入無法晉升的陷阱中。聰明的做法是，當主管與員工發生矛盾時，你應該大膽的站出來為主管作解釋與協調工作。當主管最需要人支援的時候你支持了他，他自然視你為知己。

主管與副手的關係是非常微妙的，它既可以是上級與部下的關係，也可以是朋友關係。誠然，上級手與部下身分不同，是有距離的，但是身分不同的人，在心理上卻不一定有隔閡。一旦你與主管的關係發展到知己這個層次，相較於同僚就獲得了很大的優勢。你也可能因此而得到主管的特別關懷與支援。甚至你們之間可以無話不談。

2. 當主管做事方法難以服眾時

有的主管視權力為一切，凡事一定要控制在自己的手中，以其權力之大，視權力為自己的護身符。過於重視自己的權力，也許是一種病態。如果你遇到這種主管，也不用急著打退堂鼓。

想一想「家家有本難念的經。」主管是否也有難言之隱？他可能也是身不由己的，千萬不要發出對主管的抱怨，這樣損人不利己。

3. 當主管工作「卡住」的時候

主管不是鐵臂金剛，無所不能，他也是一個普通人，也需要幫助和鼓勵。誰能夠在他膽怯的時候給他信心，誰能夠在他無助的時候站到他身旁，誰就能夠得到他的青睞。

副手如果能幫助主管，對你必然有好處。

比如，主管對某客戶處理不當，你可以得體的替他把關係緩和；如果他最討厭做每月一次的市場報告，你不妨代勞。主管覺得你是一個好幫手後，自己會賞識並重用你。

4. 不要傳播錯誤的資訊

主管每天都要承擔很多工作和責任，所以他已經承受了巨大的壓力和挑戰。因此你不應該再轉述錯誤的資訊或未經證實的傳言，來增加主管的負擔。

假如你聽到對公司有什麼不利謠言或傳聞，不妨悄悄的轉告主管，以提醒他注意。不過你的措詞與表達方式須特別注意，話語簡明、直接為最佳方式，以免發生誤會。而當資訊被確認之後，你不應該報喜不報憂，壞消息對主管具有極大的提醒作用。報告壞消息的時候，你應該順便提供一些建議，藉以幫助「當局者迷」的主管。

5. 當遭遇主管責罵其他副手時

有時主管會當著你的面來責罵你的同級副手。比如，主管說：「我真不知道他是怎麼辦事的。」這時，你千萬不要隨意附和著說：「是啊，他的辦事能力非常糟，我早就看出他沒有任何能力了。」這樣會使主管認為你看低了他選擇人才的眼光。主管會覺得自己的尊嚴受到損害，而你即將失去自己在主管心中的地位和良好印象。在主管責罵其他副手時，你不要為了討好主管隨意的附和，那樣的話，其結果會適得其反，使自己落得個「裡外不是人」。

綜上所述，作為一名副手，你在工作中最應做的是支援、愛戴主管，讓自己站在主管的立場想問題，你或許會發現主管有許多不得已的苦衷。而且不論遇到任何工作上的困難，對主管都不可過分依賴，避免與他發生任何正面的衝突。替主管排憂解難，你會發覺主管慢慢將你當成了自己的心腹，進而得到重用。

要忠，但是不要愚忠

對於主管來說，忠誠是對副手的基本要求，也是副手是否值得培養的標準之一。但是副手在忠誠的同時，一定要切記：忠而不愚忠！

「什麼是最優秀的副手？」「怎樣才能做一個最優秀的副手？」相信大多數副手們的心中都有此類疑問。

實際上，成為優秀的副手的條件之一就是：要忠，但是不能愚忠！換言之，有忠但是不愚忠的副手，才是主管眼中最優秀的副手。對於主管來說，忠誠是對副手的基本要求，也是副手是否值得培養的標準之一。

有一個小故事非常生動的說明了這一點：大軍閥張作霖，雖然人們對他有很多不同的評價，但是不可否認，他是一個非常有領導才華的人。就是這樣一個很懂得領導藝術的人，有一天卻突然把一位祕書長辭退了。這位祕書長跟在張作霖身邊八年，兢兢業業，從沒犯過半點錯誤。可就是這樣的一位副手，卻被張作霖辭退了。

很多人都不明白其中的原因。對此，張作霖的回答是：「我作為主管，希望別人給我提出不同的意見。而他作為祕書，八年裡沒有給我提出一條與我的見解不同的意見，我留著他做什麼。難道你不覺得，一個我說什麼他都說對的人非常可怕嗎？」

可見，主管並不是只喜歡一味聽話、順從的副手，他們更希望自己的副手有膽有識，能幫他們分擔更多的責任。

喬治是美國一家電子公司裡的優秀工程師。這家電子公司規模不大，在日益激烈的市場競爭中，時刻面臨著來自規模較大的比利時某電子公司的壓力，處境非常艱難。

有一天，比利時某電子公司的技術部經理邀喬治共進晚餐。在飯桌上，這位部門經理對喬治說：「只要你把你們公司最新產品的資料給我，我就給你很好的回報，怎麼樣？」一向溫和的喬治一下子就憤怒了：「不要再說了！雖然我的公司效益不好，處境艱難，但是我絕不會出賣我的良心做這種見不得人的事。我不會答應你的任何要求。」「好，好，非常好。」這位經理不但沒有生氣，反而頗為欣賞的拍拍喬治的肩膀，「這事情就當我沒說過。來，乾杯！」不久，喬治所在的公司因經營不善破產了。

喬治失業了，一時又很難找到工作，只好在家裡等待機會。沒過幾天，他突然接到比利時某電子公司總裁的電話，說想見他一面。喬治百思不得其解，不知「老對手」找他有什麼事。他帶著疑惑來到比利時某公司，出乎意料的是，該公司總裁熱情的接待了他，並且拿出一張非常正規的聘書，請喬治做技術部經理。

喬治非常驚訝，喃喃的問：「你為什麼這樣相信我？」總裁哈哈一笑，說：「原來的部門經理退休了，他向我說起了那件事並特別推薦你。年輕人，你的技術水準是出了名的，你的正直更讓我佩服，你是值得我信任的人！」喬治這才明白過來。後來，他憑著自己的技術、管理水準和良好的誠信，成為該公司最好的職業經理人。

也許像喬治這樣有技術的人很多，但像喬治這樣既有優良技術又忠誠守密，卻並非人人都能做得到。也正因為如此，喬治才能在職業陷入困境時，迎來難得的機遇，並憑藉著優良的技術和誠信，登上了職業經理人的寶座。

任何一位副手都應該明白，自己和組織是唇齒相依的關係。如果對組織做出不忠誠或有損組織利益的事情，相當於往自己喝水的水壺裡吐痰，結果損失最大的只能是自己。

「忠」無疑是一流的品格，但是身為副手，一定要記住：要忠，但是不要愚忠！任何一個高明的主管，都不希望自己的副手是一個隻會順從、不會獨立思考的副手。

忠誠是可貴的，但是愚忠卻是要不得的。它包含著兩層意思：

1. 沒有能力，無法獨立行事。
2. 沒有原則，永遠都無條件的服從權威，即使是權威錯的時候。

實際上，不管是以上哪一種愚忠，結果都是不但害了組織，更害了自己。

所以，每位副手都應該對「忠」進行重新認識。到底我們要「忠」什麼？很多副手都有一個誤區，認為「忠」就是忠於主管。其實這是大錯而特錯。優秀的副手，不是忠於主管，而是忠於組織。從組織的目標出發，只做有利於組織的事。這樣一來，就可避免一味順從主管所帶來的危害。當主管的決策出現失誤或偏差時，副手應當站出來指出癥結，為主管和組織保駕護航。這才是優秀的副手所為。

作為一名現代組織或企業的優秀副手，你應以企業的利益為先，這是一種良好職業道德和高貴人格的表現，也是副手忠誠品格的直接表現。當你個人的利益與企業的利益發生衝突時，千萬不能將公司的利益置之度外，一時糊塗將使你後悔終生。

透過總結優秀副手的成功經驗發現，忠實於企業的利益，應有以下幾個方面的表現：

1. 做到公私分明

副手要想做到忠誠，還要做到公私分明，即將企業利益與個人私利明確區別開來，不以個人的私利損害企業的利益；顧全大局，個人利益始終服從於團體利益。

張先生是某公司工程部的經理。近日記者採訪他時發現了一件特別有意思的事：公司的一位祕書拿了一張本月電話費清單給他，他在上面認真的勾出了自己因私打的電話。

記者感到非常好奇。張先生解釋說：「公司將從工資中扣除這部分用於私人的電話費。雖然沒有多少錢，但是公私分明卻是企業文化的一部分。

作為一名副手必須時刻要有原則性、要有公私意識，否則在工作中就有可能公私不分，為個人利益而損害公司利益。身為副手，公私分明是道德約束準則，應始終貫澈於自己在企業的一切行為之中。唯有如此，才能真正做到忠實於企業的利益，個人與企業共同發展。

2. 絕不出賣企業的機密

保守企業機密是副手從業的基本行為準則。企業機密關係到企業的興衰成敗：輕者會使主管的工作處於被動，帶來不必要的損失；重者則會給企業造成極大的傷害，造成不可避免的素食。作為一名合格的副手，一定要牢記「禍從口出」的道理，對企業的保密事宜始終做到守口如瓶。

3. 維護企業形象

在工作職位上，每個副手都肩負著「忠實於公司利益」的經濟責任、社會責任和道德責任，你絕不能從事任何與履行職責相悖的事務，不能做那些有損於企業形象和企業信譽的事。否則會使企業名譽受損蒙受巨大損失，也將直接影響自己的聲譽和事業的發展。

維護企業形象，一定程度上表現在副手不散播不利於企業的言論。存在於大多數企業中的一個普遍現象是：總有一些副手發出抱怨或牢騷。不要小看這件事，作為一名副手，到處散播你的抱怨或牢騷，會損害企業團隊的凝聚力，這是對企業利益的隱性損害，這不是一個合格副手所應有的行為，也更成不了最優秀的副手。有任何意見或建議，副手應該透過正當的管道向主管反映，一個具備健康的組織文化的企業管理者，一定會給你一個最合適的答覆。

此外，維護企業形象還要求副手必須講究誠信。弄虛作假，欺騙主管和下屬，這不僅是個人品格不佳的問題，它同樣會關係到企業的利益和長遠發展。身為副手，如果連最起碼的誠實和信用都不講，那麼你的各項管理工作是註定要失敗的。

總之，每一名副手都應注意自己的行為規範，遵守企業的職業道德，維護企業的形象和利益，對抗那些破壞企業發展的行為，並為企業的發展獻計獻策，爭做企業的主人，從而用自己的忠心證明自己是企業最可信賴、最可擔負大任的心腹副手。

問題思考：

1. 請你把讀完本章的感觸說出來，然後再回顧工作之中自己與主管在工作之中哪些方面需要改進？
2. 重新審視自己過去的工作，想一想自己是否與主管產生過摩擦，如果有，請客觀的分析原因？
3. 展望未來，談一談自己在未來的工作中，將從哪些方面著手輔佐主管？

行動指南：

從現在開始，經常對著鏡子問自己：「淡泊明志，兢兢業業！」等到感覺自己有立場說這句話，把這句話用到自己的工作和生活實踐當中。

一個月後，再回過頭來看看自己的成績。把你的體會清晰的描述出來。

第五章　輔佐正職，淡泊明志：善於處理與主管的關係

第六章 相互扶持，謀求雙贏：善於處理好與同級副手的關係

在日常工作中，副手必須正確認識和處理好與同級副手之間的關係，否則就會引起不必要的矛盾、糾紛，甚至相互掣肘，彼此對立，關係惡化，而這不僅會影響工作的正常進行，還會影響到組織或企業奮鬥力的發揮，給工作帶來不良的影響。

尊重同級，與其精誠合作

一個副手在完成自己的本職工作後，在有時間和能力的情況下，有必要幫助其他副手，但一定要適度，要掌握好時機、分寸和方法。

一個人力資源專家指出：「許多年輕人在職場中普遍表現出來的自負和自傲，使他們在融入工作環境方面顯得緩慢和困難。他們缺乏團隊合作精神，專案都是自己做，不願和同事一起想辦法，每個人都會做出不同的結果，最後對公司一點用也沒有。」

在現實生活中，每個人總是希望別人看得起自己，受到別人的尊重。副手也是如此，也一樣希望受到其他同級副手的尊重，這是打好同級關係的前提條件。

尊重是一個情感活動，也是一個人在情感上的需求在一個組織或企業的內部，身為同級副手，如果彼此之間這種需要得到滿足，就能使他們對工作充滿信心，對下屬充滿熱情，體會到自己生活和工作在團體中的用處和價值。

反之，當某個副手在尊重方面的需要一旦受挫，就會使他產生自卑感、軟弱感，甚至失去工作信心，並嚴重的破壞相互間的關係，從而造成人際關係的緊張。

華斯是一家行銷公司的優秀副手。他所在的公司裡，曾經因為各個部門之間都非常具有團隊精神，而使業務成績非常突出。

後來這種和諧融洽的合作氛圍卻被華斯破壞了；公司的高層把一項重要的專案安排給華斯，華斯對這個專案有了非常周詳而又容易操作的方案，為了表現自己，他沒有與同級副手磋商，而是直接向總經理說明自己願意承擔這項任務，並向他提出了可行性方案。

華斯的這種做法，嚴重傷害了同級副手之間的感情，破壞了團隊精神。當總經理安排他與其他副手共同操作這個專案時，卻始終不能達成一致意見，所以產生了重大的分歧，導致了企業內部出現分裂，團隊精神開始渙散，專案最終也沒能順利進展下去。

與同級副手之間的交往，雖然因有年齡、資歷、經驗、文化知識和能力的差異，但是要相互尊重。

年輕的副手要尊重年紀大的副手，遇事多徵求他們的意見。因為許多年紀大的副手都有一種怕別人認為自己老了，做什麼都不行了，怕被別人冷落的心理。

年紀大的副手也應尊重年輕副手，看重他們的衝勁和首創精神，遇到問題多讓年輕副手發表意見和看法，大膽放手讓他們去多做工作。如果年紀大的副手什麼都不放心，事事插手過問年輕副手的工作，就會使他們感到不被信任，傷害他們的自尊心。

一個副手在完成自己的本職工作後，在有時間和能力的情況下，有必要幫助其他的副手，但是一定要適度，要掌握好時機、分寸和方法。

作為一名副手，要想與同級副手建立精誠合作的關係，通常可以從以下幾個方面著手去做：

1. 承認對方

也就是承認對方的存在，承認對方的工作，承認對方的優點。在一個組織或企業的內部，都同為副手，年齡有老有小、性格迥異、經歷不同，各自都有獨到之處，所以要互相尊重各自的意見和權利，形成一種尊重謙虛，誠懇待人的氣氛。

2. 不做「勾心鬥角」的人

如果副手之間處於一種無序和不協調的狀態之中，出現雙方之間互相扯後腿、推卸責任以致使各種積極力量被互相抵消的現象，「就是我做不成，我也不讓你做成」，那麼這個組織就岌岌可危了，而且主管也非常討厭這種由於副手之間的爭鬥而引起的內耗。

3. 懂得別人的需求

只認為自己重要，旁若無人的副手很糟糕。在與同級副手的交往中，自己認為他重要，他也就會認為自己重要。

4. 不要直接指揮同級副手

在一個組織或企業的內部，大家對命令是彼此敏感的，如果由一個同級的副手來給自己下命令，心裡總是不太舒服，而且工作也不會盡心去做，最終的成果也不會盡如心意。因此，指揮同級副手或者命令的事還是需要由主管來做。與同級副手之間可以透過主管協商，但是不要自己直接行使指揮副手的權利。

5. 要平等待人

在與副手相處的過程中，把自己擺在同對方平等的位置上，不擺架子、不賣資格，不以權壓人、不以勢淩人、要平等協商、尊重同級。可實際上，有的副手自以為是，似乎自己比別的副手都強，不論是討論問題，還是在工作中，總表現出一種居高臨下、裝腔作勢、唯我獨尊，不把別人放在眼裡的架式，甚至還一味的自我誇耀、自我吹噓。這樣的副手是很難讓人接受的。雖然會在短期內不容易讓人反感，但是長期下去是不會得到副手贊同的，也就很難與其他副手相處。

6. 請同級副手幫忙

尺有所短，寸有所長，世界上沒有人可以說「萬事不求人。」請求他人幫忙，在組織之中、在企業之中，是再正常不過的事情。請求他人的幫助，不但能夠解決你的難題，另一方面也加強了團隊的合作風氣。

需要強調的是，在請求他人幫忙時，也要有所注意：

1. 把理由說明白，你所強調的必須是真正的理由而非藉口。
2. 不要利用友情，每個人都是獨立的、平等的，不要以為有了交情就可以隨意讓人幫助你。
3. 直接說出請求，這比拐彎抹角更容易讓人接受。
4. 尊重別人說「不」的權利，假如對方已經明確的告訴你無法幫忙時，不要苦苦相逼或糾纏不休，這只會讓人產生厭煩情緒。

總之，在團體成員之間互相尊重，每個人貢獻出自己獨特的技能，組織的一致性和認同感就會激勵著團體成員為實現共同的目標而努力奮鬥，形成一種「團隊精神」，它能使每個副手最大限度的實現自己的目標，成就事業上的長遠發展。

相互支援是事業成功之道

領導團體中每一個副手之間在工作、生活、學習中相互支持和幫助，是圓滿完成整體目標任務的前提，也是密切各成員關係的重要條件。

管理大師彼得．杜拉克說：「組織團隊的目的，在於促使平凡的人，可以做出不平凡的事。」這即是說，合作的力量要遠遠大於一個個單獨的優秀人才的力量。

在組織或企業內部，每個副手都具有自己獨特的一面，如果能夠透過截長補短、互相合作所產生的合力，一定能大於兩個成員之間的力量總和。這就是團隊之所以能夠起到一加一大於二的道理。

很久以前，有兩個飢餓的人得到了上帝的恩賜——一根魚竿和一簍鮮活的魚。其中一人要了一簍魚，另一個人則要了一根魚竿。他們帶著得到的賜品，各自分開了。得到魚的人走了沒幾步，便用樹技搭起篝火，煮起了魚。他狼吞虎嚥，還沒有好好品嘗鮮魚的美味，就連魚帶湯一掃而光。沒過幾天，他再也得不到新的食物，終於餓死在了空魚簍的旁邊。

另一個選擇魚竿的人只能繼續忍飢挨餓，他一步步的向海邊走去，準備釣魚解飢。

當他已經看見不遠處那蔚藍的海水時，他用完了全身的最後一點力氣，他也只能眼巴巴的帶著無盡的遺憾撒手人寰。

上帝搖了搖頭，決心再發一回慈悲。於是，又有兩個飢餓的人同樣得到了上帝恩賜的一根魚竿和一簍鮮活的魚。這次，這兩個人並沒有各奔東西，而是約定互相合作，一起去尋找有魚的大海。

一路上，他們餓了就煮一條魚充飢，以有限的食物維持他們遙遠的路程。經過艱苦的跋涉，在吃完了最後一條魚的時候，他們終於到達了海邊。從此，兩人開始了捕魚為生的日子，有了各自的家庭、子女，有了自己建造的漁船，過上了幸福安康的生活。

幾十年過去了，他們居住的海邊已經發展成為一個漁村。村裡的人都承繼了兩位創業者留下的傳統，互相合作、互相幫助、截長補短、共同發展，漁村呈現出一片欣欣向榮的景象。

同樣的賞賜卻是不同的結果，究其原因，失敗的兩人是因為它們不肯與對方分享自己的所得，不肯合作互助前行；而成功的兩個人則充分發揮了合作的優勢，互相幫助，這便是合作的力量。

正如名人所言：「幫別人往上爬的人，會爬得更高。」也就是說，假如你願意幫助別人獲得他們想要的東西，那麼你也能得到你自己想要的東西，而且你付出的越多，你得到的也就越多。

而且，在領導層中，每一個副手在工作、生活、學習中相互支持和幫助，是圓滿完成整體目標任務的前提，也是密切各成員關係的重要條件。一個能在工作、生活等各個方面相互支持和相互幫助的領導團體，才是一個有凝聚力和奮鬥力的團體。

領導團體中副手之間的相互支持和幫助，通常會表現在心理、工作和生活上：

1. 當某一副手在工作中缺乏信心時。其他副手就應該從心理上給予鼓勵，以增強做好工作的信心，這就是支援。
2. 當大家對某一問題發表意見、看法，而真理又在少數人一方的時候，如果能撐住多數人的壓力，站在少數人一方，這也是一種支持。
3. 當某副手與其他副手之間有矛盾的時候，你不是袖手旁觀、置之不理，而是主動的幫助協調、解決矛盾，這仍是一種支持。
4. 當某個副手在工作中遇到困難、阻力的時候，你主動的幫助他排憂解難，在人、財、物等方面給予幫助，這同樣也是一種支持。

支持和幫助表現在心理、學習、工作和生活中的每一個環節。支援可以透過各種形式表現出來，對有成績的同級副手表示讚揚，對正確的看法、意見表示贊同，對不正確的觀點或做法提出誠懇的、善意的責罵等，都是幫助。

總之，組織的工作是大家共同的任務，單槍匹馬、孤軍作戰很難取得成功。相互之間有了各種支持和幫助，不但任何困難和障礙都能排除，而且會形成相互信賴和支持，副手之間的關係也會越來越密切。

凡事以大局為重

身為副手不僅要關心和熟悉自己的工作，還應關心和了解其他副手的工作和全方位工作。因為正確決策的形成，需要集中團隊全體成員的智慧，而不只是主管與分配副手的事情。

在現代企業或組織的領導層中，有多個不同職能的部門，掌管各個部門的人都屬於企業或組織中的副手，他們各自負責不同的事務，為了共同的目標經常聯絡。他們之間是平等的工作關係，千萬不要認為各自有職責，就可以井水不犯河水。每個部門的工作都離不開兄弟部門的支援和協助，各自為政無法完成企業或組織的整體目標。

在一個領導團隊中，副手之間是一種分工與合作的關係。雖然副手無法全方位性工作，但是應有全方位觀念，不可因噎廢食，一直擔心其他副手的看法。而那種只考慮自己分內的工作，不關心同級副手和全方位性工作的人，更不可為。

古人云：「不謀全方位者，不足以謀一域，不謀萬世者，不足以謀一時。」所以副手不僅要關心和熟悉自己範圍的工作，還應關心和了解其他副手範圍的工作和全方位工作。因為正確決策的形成，需要集中團隊全體成員的智慧，而不只是主管與其他副手的事情。

歷史上曾有這樣一個故事：

賈復和寇恂在光武帝劉秀復興漢室的大業中都立下了赫赫戰功。有一次，賈復的部下在寇恂轄地殺人，寇恂作為當地太守，下令將那個人處死。賈復知道後，認為寇恂看輕他，決定帶兵經過寇恂地域時，下令手下人見到寇恂一定格殺勿論。

寇恂得知其預謀後，反而拒絕了其護衛請求佩帶寶劍並時刻不離左右的要求。他對手下說：「不需求藺相如不怕秦王，卻能讓著廉頗，不就是為了國家著想嗎？」反而下令屬下要盛情款待賈復的部隊。賈復到達後，寇恂親自出門迎接。賈復雖有心待寇恂告退時集中團隊追趕他，無奈手下將士都喝得爛醉，難以行事。

光武帝得知此事後，召見二位大臣，鼓勵他們結為好友。從此二位幹將通力合作，致使國家穩定昌盛。寇恂不計個人恩怨、以國事為重，略施計策，既避免了殺身之禍，也贏得了同級的友誼。

其實，身在職場的道理也是一樣，各部門的領導者及其副手凡事應該以組織或部門的整體利益為重，盡量避免或緩和與其他的同級副手產生衝突和矛盾，為了共同的目標通力合作。

而且，副手要處理好適度與過度的關係，就必須樹立全方位觀念，在其位謀其政，以積極的態度去關心同級的工作，關心全方位的工作。這種關心是建立在副手應有的全方位觀念基礎上。平時要多留意事關全方位的重大問題，並加以認真思考和研究，站在全方位的立場上，客觀的向團隊團體或其他副手提出建議。態度不可偏激，說話要留有餘地，既顯示觀點又考慮對方的接受程度，掌握好態度上積極不消極，方法上適度不過度的尺度。這樣，才有利於正確決定的形成，才有利於提高領導團隊的團體決策水準。

在現實工作中，每個副手分工負責的工作，都是團體領導工作的組成部分，是副手各自工作的有機結合。各位副手的工作不是彼此孤立的，而是互相關聯的，沒有絕對的獨立性，這就是分工相對性的具體表現。如果把副手的分工看作是「分力」的話，那麼如何使各個「分力」達到最大並合理疊加，從而產生一種新的遠遠超過各「分力」簡單相加的新的力量呢？這就應該做到分工而不分家。

所以，要想成為最優秀的副手，就要在實際運作過程中應該職責上分，心理上合；工作上分，目標上合；制度上分，關係上合；業務上分，效益上合；執行上分，督查上合。

總之，凡事以大局為重，處理好同級副手之間的關係，每一個部門的副手都必須做到的。

經常溝通，增進了解

在日常生活與工作中，同級副手之間應經常保持聯絡，及時溝通情況，進行感情、資訊交流，這樣才能互相了解、互相信任，減少一些不必要的誤會和摩擦，形成一股較強的力量，保證共同目標的順利實現。

現代的每一家企業，都可以說是人才輩出，高手云集，在這樣的環境中，信守「沉默是金」者無異於慢性自殺，是不會有任何發展的。而正確的工作態度和工作效果，充其量也只能讓你維持現狀而已。

而且，組織或企業是一個團結合作的團體，它需要每個副手都能配合默契，增進了解，進行善意的交流和有效的溝通，從而形成相得益彰、共同發展的局面。

良好的溝通能力對副手來說，是日常工作中必須具備的。實際上，在現代組織或企業中，不論是副手與主管之間，還是副手與副手之間，或者是副手與下屬之間都需要進行有效溝通。尤其是對於一名副手而言，都應積極的與他人進行溝通，更為重要的是要經常和同級副手進行溝通、增進了解，提高工作效率。

據統計，現代工作中的障礙百分之五十以上都是由於溝通不到位而產生的。一個不善於與同級溝通的副手，是不可能做好本職工作的。

珍妮是一家大公司的副經理，總經理準備在她和另外一名職員中做出選擇，提升一名做人事部經理。而實際上，另一名職員瑪麗被提升的可能性很大。

有一天，珍妮隨朋友一起去瑪麗家做客，順便與瑪麗交流一下工作中的問題。

剛進門，珍妮就看見一個小男孩在房間的地板上玩積木。她主動來到男孩身旁，蹲下陪男孩一起玩了起來。一幢奇特的建築就「建造」成功了，小男孩樂得手舞足蹈。大家也都跟著笑起來。

這時，珍妮坐下來對瑪麗說：「你的寶寶真可愛，他太聰明了！」有人讚賞自己的兒子，瑪麗當然特別開心，對珍妮也產生了好感。接著還和她談了一些工作上的事，他們談得非常投機，瑪麗透過這些交談發現珍妮的工作經驗豐富、能力也不錯，並且還是個非常熱情的女孩，便問她：「假如這次把晉升的機會給你，你會怎麼做？」

珍妮信心十足的說：「我一定會盡我的全力，而且我覺得這份工作對我來說難度也不大，我相信我一定會做得更好……。」

最後，瑪麗認為珍妮的能力在自己之上，所以自動放棄了被提升的機會。

透過珍妮的故事，我們不難看出增進了解，相互溝通的重要性。美國金融家阿爾伯特，在初入金融界時，他的一些同學已在金融界內擔任高職，都是老闆的心腹和得力助手。他們教給阿爾伯特的一個最重要的祕訣——「千萬要跟你的同事講話。」上面事例中的珍妮正是由於和同級副經理進行有益的交流和溝通之後，才使她對自己有了進一步的了解，放棄了被提升的機會。

有效溝通是副手能夠高效工作的一項重要能力。對於溝通能力的提高，主要有兩方面：一是提高理解別人的能力，二是增加別人理解自己的可能性。

同時，在一個團隊中，溝通應當遵循簡單的原則，人與人之間的溝通應直接了當，心裡想到什麼就說什麼，不要把簡單的問題複雜化，這樣可以減少溝通中的誤會。瞻前顧後，生怕說錯話，會變成謹小慎微的懦夫；言不由衷，會浪費了大家的寶貴時間；更糟糕的是還有些人，當面不說、背後亂講，這樣對他人和自己都毫無益處，最後只能是破壞了團體的團結。而正確的方式是提供有建設性的正面意見，在開始討論問題時，先不要拒人於千里之外，大家把想法都擺在桌面上，充滿表現每個人的觀點，這樣才會有一個容納大部分人意見的結論。

在日常工作中，副手之間普遍存在的溝通誤會，簡單的歸納為以下幾個方面：

1. 認為「溝通就是尋求統一」

在組織或企業內部，很多副手不能容忍另類思考，假如別人同自己的觀點不一樣，好像就是向自己挑釁。其實溝通的目的並不是要證明誰是誰非，也不是一場你輸我贏的遊戲，它的目標是要促進副手之間的良性溝通，從而使工作有秩序、有效率的展開起來。

2. 認為「溝通就是說服別人」

在團隊溝通中也有這種情形，某人掌握整個談話，其他人只有做聽眾或服從的份。「溝通」一詞來源於「分享」這個拉丁詞匯。進行溝通時需要特別注意的問題是，溝通必須是互相分享，必須是雙向的，要跳出自我立場而進入他人的心境，目的是要了解他人，並不是要他人同意，避免墜入「和自己說話」的陷阱，這樣溝通才能有效。

3.認為「只要具有溝通意識，主動進行溝通是水到渠成的事」

在日常工作中，許多副手非常自信、能力強，習慣於扮演老師、權威、家長的角色，喜歡別人依賴自己。與這樣的人溝通會產生壓力感，從而給溝通製造了無法逾越的障礙。實際上，即使是最懂得溝通的人，也需要試圖改進自己的溝通風格和技巧。

4.認為「溝通成功與否，最重要的在於技巧」

這一類副手過於迷信溝通技巧。在溝通中很重要的是創造有利於交流的態度和動機，把心敞開，也就是常說的溝通從心開始。學習溝通之後也不能保證日後的人際關係就能暢通無阻，但是有效的溝通可以使同級副手坦誠的合作，很人情味的分享，以人為本位、以人為關懷，在工作中享受自由、和諧、平等的美好經驗。

5.認為「溝通不是太難的事，每天的工作不都在溝通嗎？」

假如從表面上來看，溝通是一件簡單的事，每個人的確每天都在做，它像呼吸空氣一樣自然。然而，一件事情的自然存在，並不表示你已經將它做得很好。由於溝通是如此「平凡」，以至在工作中自然而然忽略它的複雜性，也不肯承認自己缺乏這項重要的基本能力。

另外，怎樣才能提高溝通的技巧，也是在職副手們需要在日常工作中不斷總結的。

溝通的方式有很多種，有透過表情的、有書面的，最主要的還是語言。語言的清晰，用詞是準確，語速的快慢，說話的語氣神態等等，無一不關係到溝通的效率。溝通不是簡單的表達和傾聽，溝通就做到完整的表達意思和情感，還需要做到能挖掘人們潛藏的意識，完美的回覆能引起共鳴的資訊。是否能完成有效的溝通，很大程度上決定了工作的效率，也取決於團隊成員的溝通能力。雖然溝通並不像想像中的那樣簡單，但是也不難實現。溝通的最高指導原則是——沒有不能溝通的事。

總而言之，當一個組織或企業的所有副手，都具備了誠心、愛心、耐心，具備了百折不撓的溝通精神時，組織或企業間才能利益共用、團結共榮，團隊也才能呈現最佳的發展狀態。

組成黃金搭檔，合作共贏

要想充分的發揮整個領導團隊的作用，就必須要求副手之間必須善於溝通、協調配合，組成黃金搭檔、合作共贏。

美國著名球星喬丹曾是控球後衛，是組織全隊進攻和負責分球的核心人物。控球後衛不僅要求有高超的個人技術，還需要有全方位眼光和團隊合作的精神。不僅要個人能夠衝鋒陷陣進球得分，還得是大公無私，為隊友創造得分機會。正是在這個位置上，喬丹獲得了極大的鍛鍊，這為他後在大學和 NBA 的籃球生涯中奠定了堅實的基礎。

一個人，不管他的能力有多大，也不管他的工作經驗有多豐富，都不可能在某項事業上獨自取得成功。這是因為從古至今任何人都不是十全十美的，總會表現出這樣或那樣的不足。而唯有一個優秀的團隊，卻可以實現優勢互補，達到完美的格局。

在現實工作中，很多副手之所以覺得問題難，是由於他只倚重自己的才華和能力，而不懂得去獲取別人的幫助。有的副手甚至過於表現自己，把本來可以幫助自己的人趕走了。

在一所破寺院中，有三個和尚相遇了。

「這所寺院為什麼荒廢了？」不知是誰提出的問題。

「必是和尚不虔，所以菩薩不靈。」甲和尚說。

「必是和尚不勤，所以廟產不修。」乙和尚說。

「必是和尚不敬，所以香客不多。」丙和尚說。

三人爭執不休，最後決定留下來各盡其能，看看誰能最後獲得成功。

於是，甲和尚禮佛念經，乙和尚整理廟務，丙和尚化緣講經。果然香火漸盛，原來的寺院恢復了往日的壯觀。

「都是因為我禮佛念經，所以菩薩顯靈。」甲和尚說。

「都是因為我勤加管理，所以寺務周全。」乙和尚說。

「都是因為我勸世奔走，所以香客眾多。」丙和尚說。

三個和尚爭執不休、不事正務。漸漸的，寺院裡的盛況又逐漸消失了，三個人最後也各奔東西。

其實，寺院的荒廢，既不是和尚不虔，也不是和尚不勤，更不是和尚不敬，而是三個和尚都只看到了自己的價值，而忽略了團體合作的力量和意義。

作為一個個體，僅靠個人的力量很難創造出令人滿意的業績。「獨行俠」和單打獨鬥的時代已經一去不復返了，現代企業強調更多的是統一標準、流程和規範。尤其是對於一名副手而言，如果沒有團隊的合作，無異於一盤散沙，只要稍有外力便會潰不成軍。

一個人力資源專家指出：「許多副手在職場中普遍表現出來的自負和自傲，使他們在融入工作環境方面顯得緩慢和困難。他們缺乏團隊合作精神，專案都是自己做，不願和同級一起想辦法，每個部門只會做出不同的結果，最後對公司完全沒用。」在現代職場中很多有能力的人，因為只顧埋頭工作不肯與他人合作，才使事業上始終沒有進展。

組織或企業的管理層是公司發展的航向標和舵手，團隊中副手之間的協調配合，是領導團隊的核心決定因素。要想使整個領導團隊的作用更充分的發揮出來，副手之間必須協調配合、善於溝通，組成黃金搭檔，合作共贏。

1. 全方位觀念

身為管理層的副手，有義務給同級副手出謀劃策，提出正當而有效的建議，並善於站在同級副手的角度思考問題，以主人翁的身分來管理下屬和處理問題。與同級副手之間只有處處講大局，事事求同存異，才能合作共贏。

與同級副手之間的工作必須服從和服務於組織的總目標，團隊內部成員應分工不分家。對自己範圍的工作要勇於負責，同時又不能只考慮自己範圍的工作，還要處理好局部與全方位、個體與整體的關係，把個體融於整體之中，把所負責的工作融於全方位之中。

2. 分中求和

每個副手不僅要做好自己的本職工作，而且還要努力使全方位的工作協調一致，做到分工不分家，在工作中主動配合。在自己的工作與他人範圍的工作發生矛盾時，要先人後己、主動禮讓。只有做到分工又合作，才能促進領導團隊團結，順利實現工作目標。

3. 團隊精神

在市場經濟高度發達的背景下，僅僅依靠一個人的力量很難有所作為，身為副手學會怎麼跟同級副手合作變得越來越重要，這要求副手自身應該放開視野、放寬思考方向。特別是在做企業、做市場的時候，絕不能像一支孤傲的騎兵，一味向前拚殺，只談個人英雄主義。沒有盟友、也不管團隊有沒有跟上，等到發現身邊只剩下散兵時，失敗也就在所難免。

當然，也不是說有幾十個甚至上百人所組成的團隊就可以盡享成功了。關鍵是要把這一干人馬擰成一條繩，也是我們所說的「團隊精神」。真正的團隊精神必講合作，以充分發揮個人才能為基礎，提倡在團隊中截長補短、各展其能、共同奉獻，是真正的榮辱與共。因此同級副手之間必須團結一致，不能勾心鬥角、爭名奪利。一個緊密團結的團體威力，遠遠超過每一個副手能力的簡單相加。尤其是對於管理層而言，團隊精神的強弱從根本上決定了整體的實力。

要形成有凝聚力、有向心力的團隊精神，就要求副手不能只會一味往前衝鋒，而忽略了與其他同級副手的合作或協調，忽略了彼此之間的協調配合，這樣的副手難以讓下屬信服並衷心擁護。

4. 協商共事

真正的團隊精神要求團隊成員之間互相尊重，不管對方職務高低，許可權大小。在一個組織或企業的內部，由於團隊成員分工不同，看問題的角度和對工作的了解不同，容易產生認識上的不一致，這就需要副手與同級之間及時聯絡，注意彼此、經常交流資訊、交換看法、協商共事。

身為一名副手在做好自己負責工作的同時，對同級副手的工作要多加支持，積極獻計獻策，團結一心，合作共贏。

5. 相互支持、平等相處

與同級副手之間要宣導見賢思齊的風格，及時溝通資訊、交流思想。不要故步自封，而以開放態度，吸收別人的長處，開拓更多的機會。與同級副手之間雖然是平等的關係，但他們既是自然的合作者，又是潛在的競爭者。競爭的存在，有其積極意義，它要求副手自身不甘落後、求進步、求發展的外部驅動力，也會給領導團隊帶來生機與活力。這種競爭應當是方向一致、目標一致基礎上的競爭，而不是那種嫉賢妒能、損人利己的不良競爭。說到底，副手與同級副手之間應相互支持，平等相處。

建立和諧的合作環境

要想成為一名優秀的副手，不僅取決於本職工作的完成品質，更大程度上還取決於其處理人際關係的能力。

著名社會專家大衛博士曾經說過：「我們一來到這個世界，便墜入了錯綜複雜的社會關係網路中，扮演著不同的角色。在家中是子女，又是父母；在企業是下屬，又是上級；在社會是小輩，又是長輩；在交往中有熟悉的，也有不熟悉的。在這個巨大的網上，你個人就像是一個關鍵，從個人出發，形成一圈圈以個人為中心的人際關係網。」

在現代組織或企業內部，人際關係也是非常重要的。一個人是否能夠成為最優秀的副手，很大程度上取決於處理人際關係的能力。也就是說，要想使自己成為最優秀的副手，在與同級之間建立起良好的人際關係，這對於每一名副手來說，是一件絕不能忽略的大事。

身為副手擁有良好的人際關係，才能在自己周圍創造出一個和諧的工作環境，有利於工作上的交流，以便能夠透過團隊的力量進行有效合作，促進工作上的進展。

王先生是一家保險公司業務部經理，雖然他一心想成為像自己的同級副手劉先生那樣優秀，但是他的業績卻一直毫無起色。每當他看到自己的同級副手劉先生做出成績贏得讚賞的時候，他都會非常羡慕，也渴望像他們那樣，讓別人翹起大拇指來誇獎自己。

有一次，王先生冒著嚴寒沿著一家家商店招攬業務，結果都以失敗而告終，他沮喪極了。當他十分懊惱的回到公司時，令他沒有想到的是工作能力出色的劉先生正在等他，他看到了劉先生熱情的眼光和懇切的表情。

「王先生，辛苦了！」劉先生為王先生遞上一杯咖啡，而且非常真誠的說道。

「謝謝！」王先生非常感動的說。

「我什麼都不想跟你說，我只想告訴你，困難總會過去的，你什麼都不要怕，我會支持你的！我也相信你一定能成功！真的，你會是最棒的副手！」劉先生知道，在此時幫助王先生重拾信心便是最大的幫助。

「真的嗎？好，我一定會加油的！我會成為你希望的那樣！」王先生對劉先生鄭重的承諾，也是對自己的承諾。

第二天，王先生從公司出發前，又一次信心滿滿的對劉先生說：「等著看好了！今天我要再去拜訪那些客戶，並且拿到所有的業務！」

王先生沒有食言，他果然說到做到。這一天他再度拜訪昨天去過的客戶。當這一天結束時，他竟然爭取到了將近二十個新的業務。

後來，在王先生的努力不懈下，他最終成為了公司中和劉先生並駕齊驅的優秀副手。

良好的人際關係，具有合作氛圍的工作環境，是支援每一名副手不斷成長的有利條件。身為副手一定要努力的去維繫好與同級副手之間的關係。

有人的地方就會出現問題，這在我們的工作中並不少見。卡耐基先生曾指出現代人的工作中，誤解、矛盾等人際「頑疾」像企業出現財務危機、破產等種種問題一樣，是不可避免的。因此作為一名副手，一定要主動行事，透過自己的行為和態度，積極的去改良自己的人際關係，為自己的工作奠定良好的基礎。

在現實工作中，副手之間建立良好的同級關係與和諧的合作環境，可以從以下幾個方面去做：

1. 與同級副手同舟共濟

與同級副手之間，不論是為了公事或是私下裡的交往，難免會產生一些矛盾。這個時候能不能做到以德報怨，將直接影響到同級的關係。副手作為領導者應胸懷坦蕩，即使同級做了對不起自己的事情，也不能「以其人之道還治其人之身」。假如能對同級副手的小過錯寬容忍讓，以真情打動對方，對方還會得理不饒人的糾纏下去嗎？

同級副手之間，不一定要成為相濡以沫的至交，但是一定要是志同道合的夥伴關係，只有同舟共濟，才能同心協力，做好各自負責的工作，為了組織或企業的整體利益共同努力。正確處理與同級副手之間的同事關係，是一個非常現實的課題。要使彼此的關係往良性發展，必須做到相互忍讓，截長補短，分工不分家。相互之間要經常連絡、交流業務經驗、溝通資訊、交換看法。

2. 把優越感讓給同級副手

在團隊工作中，如果能夠有時「傻」一點，把優越感讓給同級副手，不失為一種獲得他人幫助與合作的良策。

3. 與同級副手建立親密朋友關係

雖然許多人都認為，在同級副手之間不可能存在真正的友誼。其實不然，要知道沒有任何人可以將工作與私人的關係分得一清二楚，所以當你與同級副手建立起親密的私人關係的時候，這種個人之間的良好關係會潛移默化的對團隊的發展起到重大作用。

如果你固執的認為同級之間總是為了利益而相互毀謗排擠，就因此將自己封閉起來不與同級副手進行溝通交流，那麼你的團隊合作關係可能就不會朝良性方向發展。千萬不要認為工作和私人是兩碼事，為了更好的與團隊合作。最好能試著與同級副手之間建立親密的私人關係。

4. 積極的參與

在許多團體場合，有的副手喜歡讓別人出頭，在討論中首當其衝，而自己卻靜靜的坐在那裡，做一個似乎感興趣的旁觀者。這樣做的結果是，你無法培養自己的社交能力，贏得團體中同級副手對你的尊重，或者對團體的決定施加影響。既然你同樣對團體的最終決策負有責任，不管你態度積極或保持沉默，你都可以貢獻你的聰明才智。

副手作為組織或企業之中的一員，只有把自己融入到整個團隊之中，憑藉整個團體的力量，才能把自己所不能完成的棘手的問題解決好。

5．對事不對人

在日常工作中，與同級副手之間產生矛盾在所難免，但是一定要做到對事不對人。如果工作上的衝突引起了個人恩怨、或把個人恩怨參雜在公事上公報私仇，只能使問題擴大化，而一時難以解決。這種情況下，作為當事人的副手應理智的暫時迴避。這種迴避並不是消極的、沒有骨氣的表現，絕不等於在矛盾激化時臨陣脫逃，而是為了防止「內部矛盾」的進一步激化。在迴避中適當調整自己的情緒，平和心態等待解決矛盾的最佳時機，才是化解矛盾和衝突的良好方法。

6．營造民主氣氛

假如一個團隊缺少民主氛圍，那麼這個團隊就會死氣沉沉，沒有一點活力。營造民主氣氛，團隊主管是關鍵作用。副手作為團隊中的一員，也有權利和義務就團隊事務發表自己的看法。設想一下你是否滿意目前你所在團隊的氛圍，你是否覺得自己狀態良好，而且潛能得到了發揮？

如果你對你的團隊的氛圍還比較滿意，那麼你一定要積極的投入到你的團隊中去，主動的參與團隊的各種活動，熱情的幫助你的隊友，也要注意不要越俎代庖、干涉別人的事務。

但是，如果你對你的團隊的不民主的作風非常反感，建議你主動去找團隊的主管就此進行溝通，注意態度一定要誠懇，要本著促進團隊發展的心態和合作的理念去溝通，否則演變成團隊的內訌就事與願違了。如果你在試著跟團隊的主管溝通時，你的意見被忽視或者被嗤之以鼻，為了你的發展最好還是離開該團隊，否則你的才能發揮會受到很大限制而且你工作也不會順心。

7. 多為對方著想

在現實工作中，與同級副手之間產生矛盾，原因往往是多方面的。所以作為矛盾的雙方，都應首先進行深刻的自省，從自身尋找原因，調節情緒、控制感情，確定解決矛盾的最佳方案。即使造成矛盾的主要原因在對方也應寬大為懷，多為對方著想。假如遇事必先「責己」，讓對方感受到你的大度和誠意，就能積極主動的使矛盾得到化解，而不是進一步加深矛盾。

當然，強調「責己」並不意味著對對方的錯誤作無原則的遷就和讓步。對於事關原則的大是大非問題，對於影響到企業或組織整體利益的事情，則要在態度誠懇、胸懷大度的基礎上據理力爭，堅持原則。

杜絕領導團隊「內耗」

如果一個組織或企業的領導團隊中存在著「內耗」，主要精力都用在彼此的勾心鬥角上，那麼一切工作都會受其影響，一切事情都會辦不好。

企業最致命的頑疾是什麼？——內耗。

內耗，狹義上稱為「內部對抗」，是人類社會內部存在的一種現象。內耗不僅耗費了許多企業的資源能量，也耗費了決策者與執行者太多的精力。企業決策層如果各持己見、互不讓步，只會使企業運轉效率不斷下降、整體效益受到巨大損害。

無休止的內鬥、內訌，將無限制的吞噬企業的資源，扼殺企業的活力。怎樣才能發現內耗、消除內耗，將是關乎企業生死存亡的關鍵。

假如把企業看作一座堡壘，我們可以發現，企業堡壘的堅固與否、存續長短，在很大程度上並不取決於對手的強大與否，內部問題的決定作用要遠遠大於外因素。這也可以看作是哲學上講的「內因是事物發展的根本原因」的另一種表現形式。

現在，先讓我們看下面的案例：

一九九二年，柯林頓大選成功，並且連任兩屆總統。這並不僅僅是個人的成功，其實也是一個團隊的勝利。

這個團隊中所有的成員都堅信：他們正在改變歷史！

他們之間互相信任、緊密配合。他們為了能抓住媒體注意力，把爭議轉變為有利因素而付出了巨大的努力。他們針對每一項對柯林頓的攻擊，對手的每次閃失都迅速反應，立即回應。每次有突發事件就一起商討爭論，找出解決辦法。

他們的努力當然沒有白費，一九九二年柯林頓獲得了成功，他們的夢想也成為了現實。

後來這些人一致認為那段時光是「一段昔日的浪漫史」，是「一生中最精彩的一段；充滿了五彩繽紛的故事。」

這就是成功團隊的收穫，他們的每位成員都能認知大家有共同的利益。他們會為共同的成功不遺餘力的和同仁們一起合作。良好的合作關係不僅會為公司帶來生機和活力，也會為自己帶來一種滿足感！他們不但獲得工作上的成就還會獲得心靈上的愉悅！

但是，也有很多的副手抱有私利不肯和同事合作。現在讓我們看看，這些人會獲得什麼呢？

假如一個中學老師，他不知道和配合的老師合作，每天就想著自己的學科有多重要，拚命的講課，到最後肯定會影響其他學科的教學，還會讓學生產生叛逆心理。假如一個廚師，他總是不想和其他人切磋廚藝，那麼到最後他還是只會做固定幾個拿手菜。假如一個程式師不想和大家一起開發，那麼他一定不會和大家交流重要的資訊，那麼他當然也無法從別人那邊獲得啟發，到最後只能閉門造車。假如一個業務人員不懂得和同事一起爭取客戶，總想著自己單打獨鬥，碰到客戶就死纏爛打，還暗示他千萬不要選其他的業務，那麼客戶多半會被嚇跑。

而作為一個組織或企業，如果沒有合作的傳統，每個人都被一些自我中心的陰影所籠罩，那麼這樣的情景將會屢見不鮮：

生產部門總是認為銷售部門在外面風光，生產人員在工廠裡埋頭苦工；銷售部門則總是催生產部門用最快的時間交貨；生產部門又怪罪技術部門動作太慢，害他們趕不上生產量；技術部門總是怨懟生產部門，畢竟技術部門有一定的工作流程。

人事部門更是如此，如果向主管匯報、或者找其他部門聯絡，員工們便認為人事專員上門找麻煩。如果人事部門宣布行政事項，員工又覺得囉嗦！如果誰升遷了，員工私底下對他只有酸言酸語。

這樣的環境幾乎讓人無法忍受。沒有一點溫暖，到處充滿了冷漠和敵意；沒有一點朝氣，倒是充滿了沼氣；沒有一點誠意，每天就知道各自為政。這樣的環境就像一個大染缸，想真正做事的人都會感到鬱悶。於是在工作中有點創意的人也不想提出來，因為沒有誰會和你一起做事；真正想合作的人總是備受打擊，最後只好跳槽或者入鄉隨俗。

我們不難想像，這樣的團隊一定沒有什麼凝聚力，效率低下，阻礙重重。當遇到挑戰的時候，不能集思廣益，即使以後認知合作有多重要，也會不知道該如何合作。這樣的團體常常不戰自敗，還沒來得及開花就凋謝了。

因此說，工作不是個人行為。尤其是對於組織或企業之中的副手而言，每個人都是唇齒相依的。只有互相幫助，精誠合作才能提高工作效率。

通常情況下，內耗的出現一般都有一個過程，管理團隊在組建之初，總是生機勃勃的，主管之間的人際關係良好。隨著時間的推移和各種內外因素的影響，一些團體逐漸產生了內耗。由萌發期的思想、感情不交流，資訊不溝通，逐步發展到擴散期的心散神離、相互掣肘，同級副手之間的衝突也逐步轉向明朗化，隔閡也逐步變得很難消除，裂痕也不易彌合。一旦發展到惡變期，就會內訌、毀謗排擠，勢不兩立，領導者們也隨之分崩離析，根本談不上實施管理工作了。

身為副手在發現「內耗」正在發生之時，一定要認真的加以對待和及時解決，將矛盾在程度較輕的初期加以化解，這樣才能有效的防止內耗。

而且，內耗是非常可怕的！一個管理團隊只有告別內耗才能走向成功，正如日本重建大王坪內壽夫所說：「合作是企業振興的關鍵。」因為只有合作才能整合所有的資源，讓功能最大化，達到最佳效應。

同處管理團隊中的副手應該採取哪些措施，來避免和克服團隊「內耗」呢？具體說來，可以從以下三方面做起：

1. **增強團結意識**

團結精神對於副手而言，至關重要。增進團結，創造一種相互體諒、相互理解、相互幫助的工作氛圍，才是真正促進團隊團結。

2. **加強制度**

加強制度是解決副手之間「內耗」最有效的辦法。副手要防止和消除內耗，就要對團隊中存在的問題勇於正視、勇於承擔、善於解決，要完善制度。當前經濟成分和經濟利益不斷多元化，社會生活方式和社會組織形式也不斷多樣化，領導團隊建設也不斷面臨著新矛盾、新情況。只有建立相應的配套措施，才能有利於權利之間的制約，發揮優勢。

3. **加強自我修養**

能夠團結同級副手，形成一個有力的整體，既是德、也是才，既是副手自身素養的反映，又是其協調人際關係能力的表現。

此外，把「內耗」消滅在萌芽狀態也是避免和克服副手之間「內部對抗」的有效手段。

問題思考：

1. 結合實際工作，談一談與同級副手和諧相處的重要性？
2. 假如你是某企業或組織的副手，說一說當你的同級副手裡有人需要幫助時，你是否願意伸出援助之手？
3. 假如你是某企業或組織的主管，說一說你的企業如果同級副手出現內訌、毀謗排擠，勢不兩立的情況時，你會採取哪些措施？

行動指南：

在每週星期五，重新審視一週工作的情況，客觀分析自己與同級副職在工作中的交往情況。

第七章

知人善任，善待下屬：善於領導和管理自己的下屬

凡是身為副手的人都懂得與下屬處理好關係的重要性。因為處理好與下屬的關係不僅是副手的主要任務，也是能順利、有效的展開工作所必需的。同時，與下屬建立一個良好而和諧、順暢的關係更是將來得到升遷的堅實基礎。

合理對待不同的下屬

對待不同的下屬，不同的條件只有區別對待，才能充分發揮他們的優勢。合理對待不同的下屬是副手自身安排分工、協調工作的一個重要手段。

人之才性，各有長短。用人如器，各取所長，這是現代企業副手的最基本的管理才能。對待不同類型的下屬，應當採取不同的用人之道，使他們克服短處，發揚特長，為企業的發展發揮更大的作用。

有這樣一則寓言故事：

森林裡的動物們開辦了一所學校。學生中有小雞、小鴨、小鳥、小兔、小山羊、小松鼠等，學校為牠們開設了唱歌、跳舞、體育、爬山和游泳五門課程。第一天上體育課，小兔興奮的在體育場跑了一圈，並自豪的說：「我能做好我天生就喜歡做的事！」

而看看其他小動物，有嘟著嘴的，有沉著臉的。放學後，小兔回到家對媽媽說，這個學校真棒！我太喜歡了。

第二天一大早，小兔蹦蹦跳跳來到學校，上課時老師宣布，今天上游泳課。只見小鴨興奮的一下跳進了水裡，而天生怕水、不會游泳的小兔傻了眼，其他小動物都沒下水。接下來，第三天是唱歌課，第四天是爬山課……學校裡的每一天課程，小動物們總有喜歡的和不喜歡的。

這個寓言故事詮釋了一個通俗的哲理，那就是「人各有所長」。要想成功，就要把自己的專長發揮出來。

這也告訴我們，在一個組織或企業的內部，副手要想實現名副其實的團隊管理，就要區別對待每一個成員，透過精心設計相應的特定職位，使每一個成員的個性和特長能夠不斷的得到發展並發揮出來。

在現代組織或企業的內部，下屬一般可以包括以下幾種類型：

1. 對於那些富有創造性、能開拓新的領域的開拓型人才，他們對事業有著強烈的進取心和獻身精神，同時也具有開創新事業的基礎知識和能力。這類人才一般都有鮮明的個性，雖然優點突出，「缺點」也非常明顯，不那麼守「規矩」，勇於堅持主見，不怕得罪人，有的人甚至有點狂妄。對於這類人才，應當加以重用，因為他們善於獨立思考。能夠大量吸收、儲存、加工各種生活中的資訊，同時富有創造能力，對於工作往往會有好的思考和見解，對於事業的發展會起到很大的推動作用。

所以，副手不能因為這些人不懂得唯唯諾諾就排擠他們，或者對他們持有偏見，這很容易埋沒了優秀人才。

2. 對於那些很有發掘潛力的下屬，他們似待雕之玉，還沒有顯露自己的才能和價值。作為副手要獨具慧眼，及時發現並重用他們。開發潛在人才要採取獨特的方法，從他們的言行舉止中辨明其見解和才能。潛存型人才在表達自己的意見時一般會直抒胸臆，不會講奉承話或假話，這就要求副手要寬宏大量，切不可因為隻字片語誤將人才掃地出門。

副手的工作能力是在不斷的工作中表現出來的，只要留心觀察，就一定會發現潛在型人才的過人之處。

3. 還有一種類型的下屬，在組織成員中占絕大多數，他們在工作中循規蹈矩，雖然認真卻缺乏熱情，雖穩妥可靠卻缺乏開拓創新，工作成績和進步速度都很一般。對於副手來說，這類人才雖不能像開拓型人才那樣專注目標全力以赴，卻能夠較好的完成常規性的任務和重複性較大的工作，而且在合適的情況下，他們一樣能表現優異。因此，對他們要著重提供更多進步和學習的機會，鼓勵他們在平凡或枯燥的職位上腳踏實地的工作，為組織的共同目標做出自己的貢獻。

4. 還有一種類型的下屬屬於三分鐘熱度型。他們對新鮮事物感到新奇，新奇感一消失，便覺索然無味。他們的聰明才智足以找到一份好工作，但是卻缺乏自制能力，頻繁跳槽，在事業上難以有所發展。管理這種類型的下屬，最好的辦法就是多分派給他們一些富有挑戰性的工作，使其「職務充實化」，以對付其喜新厭舊的個性。讓下屬喜歡自己的工作，才能激發他們的熱情和才智，把工作做好。

副手在工作中要面對表現各不相同的下屬。當員工形成規模的時候，千篇一律的命令式管理已經無法發揮作用，如果不能合理的對待不同的下屬，就會因管理方法失當而導致人才的流失。強調以人本管理，根據每個人的特點採取機動靈活的管理方法，是非常必要的。

正確對待下屬的差錯

在實際工作中，當下屬出現差錯時，如果副手處理得當，就能使下屬輕裝上陣，而且能激發下屬以將功補過、戴「罪」立功的心態更加努力的工作。

在現實工作中，每個人都不願出現差錯，卻又不可避免的會出現差錯，尤其是非原則性差錯。

當下屬在工作中出現差錯時，通常會產生一種深深的內疚感。在這種情況下，下屬的情緒一般比較緊張，思考也顯得非常敏感。如果下屬脆弱的自我再進一步遭到侵犯和傷害，就會即刻在心理上產生一種強烈的抵制層，對周圍的一切做出牴觸的反應。

而這時，如果副手不分場合，一味的責罵譴責，最容易把問題弄僵。正確對待下屬的差錯，是副手應掌握的一種處事技巧。

IBM 公司有一位職員，他曾經在工作中出現嚴重失誤，讓公司蒙受一千萬美元的巨額損失。許多人提出應立即把他革職開除，而公司的主管卻認為，一時的失誤是非常正常的，如果繼續給他工作的機會，他的才智和進取心有可能會超過未受過挫折的人。

結果，這位失誤的員工不但沒有被開除，反而被調任與其原來同等重要的職務。公司主管對此的解釋是：「如果將他開除，公司豈不是在他身上白花了一千萬美元的學費？」後來，這位員工確實為公司的發展做出了卓越的貢獻。

當下屬出現差錯時，如果副手處理得當，就能使下屬輕裝上陣，而且能激發下屬以將功補過、戴「罪」立功的心態更加努力的工作。同時，下屬還能從中吸取教訓，累積經驗，不斷提高工作能力；副手也能從中進一步樹立自己的威信，增強自己的號召力和凝聚力，贏得下屬的信任和擁戴。

然而，在現實工作與生活中，當下屬出現差錯時，有的副手動不動就板著面孔訓人，或揶揄挖苦，或冷嘲熱諷，或漠然視之、不聞不問……這些舉動都會傷害下屬的自尊心，難以贏得與下屬心理上的接近和信任，會給以後的工作帶來消極影響甚至埋下隱患。

從現實的情況來看，有些副手對與下屬進行感情交流的重要性認識不足，以為自己與下屬之間就是一種工作關係或指揮與被指揮的關係，我說你聽、我管你做就行了。其實這種做法是非常有害的。因為工作中，副手與下屬之間除了是上下級的關係，同時也是人與人之間的平等關係。人是有感情的，這種感情因素不可避免的會為工作關係加上一層感情色彩。副手有了人情味，才能使自己與下屬的關係變得和諧融洽。

所以，面對下屬的差錯，副手要做到以下幾點：

1. 從容、沉著，表現出臨危不亂、處變不驚的領導風度，要冷靜的思考差錯，是否還有補救的可能性，在時間方面是否來得及，務求將差錯縮減到最小程度。

2. 要善於對差錯進行辯證分析

差錯的構成和評估是一個複雜體系。產生差錯的原因也是多方面的，有主觀因素、有客觀因素，或主客觀因素兼而有之；差錯造成的損失有的輕，有的重，有的影響短暫，有的影響深遠；從當事人的角度分析，有的偶爾出差錯，有的經常出差錯，有的是能力欠缺所致，有的是大意疏忽所致。要綜合分析差錯的原因、性質、過程、後果，再得出客觀、合理的結論。

3. 對於下屬的責罵要恰當

副手對下屬要寬容、不苛求，但是並不等於放任自流。嚴格要求，是最大的愛護。對出現差錯的下屬，要嚴肅責罵，及時指出。一般可以採用談心的方法，在談心的過程中指出下屬所犯的錯誤和出現的失誤，這樣下屬更容易接受。此外，還要幫助下屬改正，對造成重大損失的，還要嚴肅查處，使其從中吸取教訓，並在今後的工作中盡量避免失誤，減少差錯，以提高工作品質和辦事效率。

4. 不要像煙火那樣，一點就火冒三丈

下屬的過錯，也許是由於副手自身沒有給予合適的指導所致。應分清責任，耐心對待出錯下屬。責罵應注意尺度，不能用尖刻語言諷刺挖苦下屬，傷害下屬自尊。作為一名副手，應該聽取下屬的建議和意見，公正評價下屬的工作，獎罰分明，不以個人喜好對待下屬，以愛心關心愛護下屬，這樣副手自身也一定會得到豐厚的回報。

與下屬保持最佳的距離

副手要做好工作，應該與下屬保持親密關係，這樣做可以獲得下屬的尊重。但是這種關係也不能太近、太親密，彼此之間還要保持一定的心理距離。這樣才能避免自己在工作中喪失原則。

保持最佳的距離，對於副手與下屬之間的相處非常重要。

軍旅生涯使戴高樂建立了一個座右銘：「保持一定的距離。」這也深刻的影響了他和顧問、智囊和參謀們的關係。在他十多年的總統歲月裡，他的祕書處、辦公廳和私人參謀部等顧問和智囊機構，沒有什麼人的工作年資能超過兩年以上。他對新上任的辦公廳主任總是這樣說：「我任用你兩年。正如人們不能以參謀部的工作作為自己的職業，你也不能以辦公廳主任作為自己的職業。」這就是戴高樂的規定。

這一規定出於兩個方面的原因：一是在他看來，調動是非常正常的，而固定是不正常的。這是受部隊做法的影響，因為軍隊是流動的，沒有始終固定在一個地方的軍隊。二是他不想讓「這些人」變成他「離不開的人」。這顯示戴高樂是個主要靠自己的思考和決斷而生存的領袖，他不容許身邊有永遠離不開的人。只有調動，才能保持一定距離，而唯有保持一定的距離，才能保證顧問和參謀的思考和決斷具有新鮮感和充滿朝氣，也就可以杜絕年長日久的顧問和參謀們利用總統和政府的名義營私舞弊。

在企業管理的理論中，有一個「刺蝟法則」。說的是兩隻睏倦的刺蝟，由於寒冷而擁擠在一起。可是因為牠們各自身上都長著長長的刺，會刺到對方，於是牠們又離開了一段距離。但是牠們又冷得受不了，於是再往彼此靠近。經過這樣的幾次折騰，兩隻刺蝟終於找到一個合適的距離：既能互相獲得對方的溫暖而又不至於被刺傷。

「刺蝟法則」講的就是人際交往中的「心理距離效應」。這也告訴我們身為副手要做好工作，應該與下屬保持親密關係，這樣做可以獲得下屬的尊重。但是這種關係也不能太近、太親密，彼此之間還要保持一定的心理距離。這樣才能避免自己在工作中喪失原則。

在把握人際關係距離方面，人們一般要注意以下兩點：

1. 注意尊重別人的隱私，不論多麼親密的人際關係，也應該為彼此保留一塊心理空間。

人們總以為親密的人際關係，特別是夫妻之間、父母與子女之間似乎不應當有什麼隱私可言，其實，越是親密的人際關係越是需要尊重彼此的隱私。這種尊重表現為不隨便打聽、逼問他人不願意為人所知的祕密，也不隨便向別人吐露自己的隱私。過度的自我暴露雖不存在打聽別人隱私的問題，卻會因為主動向對方靠得太近，容易失去應有的人際距離。

2. 要有一種容納的胸懷，也就是要尊重差異，容納別人的個性和缺點，諒解對方一些不經意的小過錯。

清澈見底的水裡面不會有魚，因為遇到危險牠沒有藏身之處，同樣的，過分挑剔的人也不會有朋友。那是因為沒有包容的胸懷，遲早會將彼此之間的關係推向崩潰的邊緣。

要懂得運用距離效應，也就是在彼此間始終保持合理的距離，不能太遠，遠了就容易忘記；也不要太近，近了容易失去原則。假如有合適的距離，一旦出於需要把距離縮短、重新相聚，雙方的感情會得到最充分的宣洩和昇華。在這裡，距離成了情感的添加劑。在任何場合都應當培養自己拉開一定距離觀察他人的習慣，同時也不要時時刻刻把自己的透明度設置為百分之百。內心沒有隱祕雖然顯得坦蕩，但是會無形中為以後的人際關係種下禍根，這就不是明智之舉了。

在組織或企業的內部，副手作為領導階層，最好做到多與下屬打交道，但是同時也要注意維護自己的威望和形象，和下屬保持一定的距離。這種上下屬之間的聯繫，無疑有助於加強團隊的凝聚力。

整體而言，作為管理者，副手應該在生活中視下屬如知己良朋，工作中時常徵詢對方的意見，力求消除彼此心中的隔閡。如此，下屬做起事來，積極性必然非常高。在輕鬆的氣氛下工作，效果會更加理想。偶爾與下屬共進午餐，會對融洽的合作有幫助。另一方面，工作上要尊重下屬，交託工作時要保持禮貌，不要總是板著一副面孔。除了待下屬和藹、不擺架子，副手必須保持公正而有尊嚴的形象。將不同的任務委派適合的人去負責，交下任務後最好不再過問，除非遇到大問題，否則還是等到該評判的時候再提出自己的意見。這樣做，表示你是尊重下屬的。

與下屬做朋友，並不是讓副手完全忘掉自己的身分，一味的和下屬「同光和塵」，甚至失去自己應該有的領導風度，把自己當做一般職員。每個人總需要知己朋友，為了安全理由，副手最好不要在公司裡找。假如因為友情而影響身為管理者處事的公正，間接影響自己的表現，就實在不是明智之舉了。假如實在有投緣之人，也一定要把私人感情和工作中的上下屬關係分清楚。

很多副手都有這樣的經驗：與某位下屬非常投緣，甚至把他當做知己，工作之餘經常一起消遣，遇到對方在工作上有困難，也會指點一下。但是當公司有職位空缺時，假如你提升的是另一個下屬，他就會怒不可遏，質問你為何不提拔他，甚至開始工作散漫，對身為副手的你敵對、不尊敬。而對這樣的結果，副手本身也得負一點責任，因為他忘記了與下屬「保持最佳距離」這一戒條。

賞罰要公正嚴明

要成為優秀的副手，對下屬該獎賞的要獎賞，而該罰的一定要罰，必須做到獎罰分明，絕不能因為人情而心慈手軟。

美國經濟學家說：「公正是人類社會發展進步的保證和目標。公正是對人格的尊重，可以使一個人最大的釋放自己的能量。不公正則是對心靈的一種踐踏，是對文明的一種挑釁，是對社會的一種罪行。所以堅持公正的管理和處世原則，是每個人都要履行的責任和義務！」

《孫子兵法》言：「主孰有道，將孰有能，天地孰得，法令孰行，兵眾孰強，士卒孰練，賞罰孰明，吾以此知勝負矣。」意思就是說：哪一方的君主開明？哪一方的將帥賢能？哪一方占有天時、地利？哪一方的士卒能做到令行禁止？哪一方的武器裝備精良、士卒眾多？哪一方的士卒訓練有素？哪一方的賞罰公正嚴明？我們根據上述情況，就可預知誰勝誰負了。孫武如此強調獎罰的重要性，他不僅是如此寫的，更是如此做的。

在任何一個組織內部的副手的手中，都應有兩根指揮棒：一根是獎勵指揮棒；一根是懲罰指揮棒。只獎不罰，則容易造成軍心懈怠；只罰不獎，則容易引起軍心不穩。優秀的副手必須要用活手中這兩根指揮棒，獎罰分明，該獎的要獎，而該罰的一定要罰，絕不能因為人情而心慈手軟。

在春秋戰國時期，吳王讀完《孫子兵法》後，就想見見孫武，看看他到底是不是一個真正有才華的人。

於是，吳王就找來孫武，問他：「你的這些兵法，是否真像你寫的那麼管用？這樣吧，我給你一百八十個宮女，你去按照此法把她們訓練成精良的戰士。」孫武一口答應下來，立即著手訓練。他把宮女們編成兩隊，挑了吳王最寵愛的兩個妃子擔任隊長，讓她倆持著戰戟、站在隊前。孫武將操練的要領和紀律都講完了以後，就喊口令讓宮女們演練。可是他剛剛一喊口令，宮女們就都嘻嘻哈哈的笑了起來。孫武說：「約束不明，令不熟，這次應由將帥負責。」於是重新作了說明。然後又擊鼓，發出命令。宮女們又一次哄笑起來。孫武說：「紀律和動作要領，已講清楚，大家都聽明白了，但是仍舊不聽從命令，這就是故意違反軍紀。隊長帶頭違反軍紀，應按軍法處置。」於是他令人把兩個擔任隊長的妃子抓起來，砍頭以示懲戒。吳王聞聽大驚失色，急忙傳令，讓孫武不要殺他的愛妃。可是孫武說：「我既已受命為將，將在軍，君命有所不受。」當即把兩個妃子一同斬首。又指定另外兩位妃子任隊長，繼續操練。當孫武再次發出口令時，所有的宮女都服從命令，而且嚴肅認真，舉手投足都合乎要求。

最後，孫武就向吳王報告，這兩隊宮女士兵已訓練完畢，完全達到戰時可用的標準。可是吳王對於兩個愛妃慘死刀下的事情還耿耿於懷，對孫武非常冷淡。這時，孫武誠懇的對吳王說：「令行禁止、賞罰分明，這是兵家常法，為將治軍的通則；用眾以威，責吏從嚴，只有三軍遵紀守法，聽從號令，才能克敵制勝。」這一番話，講明了獎罰的重要性，說得吳王心服口服，不但怒氣隨之消失了，還誠心誠意的拜孫武為將軍。

後來，吳國軍隊在孫武的嚴格訓練下，紀律嚴明，奮鬥力非常強，使吳國在當時威名遠揚。

這是個年代久遠的故事，一直到今天，都讓我們深受啟示。在訓練前，孫武就講明了紀律，這一點是今天的大多數副手都很容易做到的。

不容易的是執行的過程中，一旦碰到人情，很多副手就是跨不過去，大多睜一隻眼閉一隻眼草草了事。而孫武卻嚴格的按照紀律執行，絲毫不講情面，也正因為這樣，才能讓所有人都聽令而行。不論是軍隊還是企業，要想健康、正常的運轉，不但要有嚴格的獎罰制度，而且還要有能夠嚴肅執行獎罰制度的副手。

作為現代組織的一名副手，做到賞罰公正嚴明，有以下兩方面的益處：

1. 可以樹立自己的威信

副手如果能夠嚴格的按照制度進行獎罰，不僅能讓團隊成員更快的成長，而且無形中也樹立了自己的威信，讓大家心服口服。對於該獎賞的團隊成員視而不見，該懲罰的團隊成員因為講人情而放棄懲罰，那麼即使牆上貼著明確的制度，也只是廢紙一張，沒有任何作用。不僅如此，還會降低副手自身在團隊中的威信，出現團隊成員不服從管理的情況。對於團隊領頭羊的副手而言，必須以身作則，為下屬樹立良好的榜樣。只有如此，方能站在指揮台上，使所有的人團結一致，共同為組織的發展而奮鬥。

2. 讓下屬有制度可依

明確的獎罰制度就像紅綠燈，可以有效的約束團隊。副手要讓團隊成員知道綠燈的地方可以行走、快走，優秀的人可以得到獎勵，從而調動他們工作的積極性；而紅燈的地方則不能走、不可以碰，誰跨入了禁區，誰就要受到懲罰。

學會合理授權給下屬

在現實工作中，優秀的副手都能夠運用眾人的才能，對下屬授權，讓工作在所有人的合力下圓滿完成。

在一些組織或企業當中，很多副手事事親力親為，這容易使下屬產生惰性，責任心大大降低。情況嚴重者，甚至會導致下屬產生叛逆心理，即便工作出現錯誤也不情願提出。

在現實工作中，優秀的副手都能夠運用眾人的才能，對下屬授權，讓工作在所有人的合力下圓滿完成。

亨特作為技術開發部的副經理，目前正負責一個非常重要的企業資訊安全系統的開發專案。作為專案組的負責人，他所面臨的重要工作就是讓所有的下屬充分發揮自己的才能，使專案團隊目標得以高效實現。

亨特知道自己並非專案組中技術能力最強的人，所以技術方面的工作自己不當主要的主管，而讓技術能力最強的大衛作為技術團隊核心成員。自己的能力主要在於領導和協調，與不同的專案成員溝通專案相關事宜。瑪麗是團隊中最具創新力的，常常有好的主意，所以由她負責對關鍵問題的解決最合適……。

由於亨特為專案團隊中所有人都找到了最能發揮長處的位置，專案進行得非常順利，提前完成了任務，員工也覺得此次得合作非常愉快。

案例中，身為副手的亨特並沒有大權獨攬，而是把每個團隊的成員都安排在了能發揮最大效能的位置。他不對專案的每一方面都指手畫腳，相反，對於並非自己擅長的領域，他能適度授權授責，讓自己更輕鬆並且掌握大局。

一個優秀的副手並非一個獨行俠，而應該是一個協調者和激勵者，依靠激發和協調團隊成員的優勢實現工作目標。人才就在你身邊，關鍵在於副手們如何看待下屬的專長與短處。懂得避其短用其長，賦予適當的任務，使能力平庸的下屬做出優秀的業績，這才是用人之道。

合理授權是一種領導的藝術。事必躬親是對下屬智慧的扼殺，往往會導致事與願違。

有的副手工作非常繁忙，一年三百六十五天，整天忙碌，恨不得有分身。這種以力氣解決問題的想法太落伍了。出路在於智慧，採取應變分身術：管好該管的事，放下不該自己管的事。

授權是副手走向成功的分身術。面對著經濟、科技和社會協調發展的複雜管理，即使是超群的領導者，也不能獨攬一切。副手作為領導者，其職能已不再是做事，而在於成事了。所以，他們必須向下屬授權。這樣做的好處包括：

1. 可以增進下屬的能力和才能，有利於培養員工。
2. 可以激發下屬的工作熱情，增強員工的責任心，提高工作效率。
3. 副手自身可以從瑣碎的事務中解脫出來，專門處理重大問題。
4. 可以充分發揮下屬的專長，彌補副手自身才能的不足，也更能發揮其專長。

同時，副手在向下屬授權時，有八個問題需要注意：

1. 只能對直接下屬授權，絕對不能越級授權。否則會造成中層主管的被動，增加管理層和部門之間的矛盾。
2. 必須使被授權者明確所授事項的任務、目標和權責範圍。
3. 不屬於自己權力範圍內的事不可授予下屬，否則勢必造成機構混亂、爭權奪利等嚴重後果。
4. 盡量支持被授權者的工作，凡是被授權者能夠解決的問題，授權者不要再做決定或下指令。
5. 「因事擇人，視能授權」，一切以被授權者才能的大小和水準的高低為依據。
6. 對被授權者進行嚴密的考察，力求將權力和責任授權給最合適的人。
7. 凡涉及相關全方位問題的工作，比如決定組織的目標、方向和重大政策等，不可輕易授權。一般應由相關部門提出方案，最後由高層主管直接決策。
8. 所委託的工作，應當力求被授權者感興趣、樂於完成的工作，雙方應建立相互依賴的關係。所授的工作量以不超過被授權者的能力和體力所能承受的負荷為限度，適當留有餘地。

整體而言，副手能夠把目標、職務、權力和責任四位一體的分派給合適的下屬，充分信任他們，放手讓他們工作，是優秀副手用人的基本要領。

用激勵法調動下屬的積極性

在一個企業或組織的領導層中，副手的位置非常特殊，既沒有物質激勵的權力，又必須要承擔激勵的任務。

許多世界五百強企業的副手都是允許員工失敗的公司，他們都認為「失敗是正常現象」，甚至認為應該獎勵「合理錯誤」。

世界最著名的高科技園區——矽谷流行一句名言：「邊做邊學，邊敗邊學。」以寬容的態度對待自己的失敗，是矽谷成功的關鍵所在。

實際上，沒有失敗過的人和企業，很容易陷入自我陶醉、體制僵化，不樂意接受改變。許多下屬的進步都是從錯誤中得來的。

幫助老洛克斐勒創建標準石油公司的元老貝特富德，在一次經營活動中，由於急功近利，導致投資失敗。幾天下來貝特富德的心情非常糟糕，一直處在自責之中。然而令他意想不到的是，洛克斐勒不但沒有責怪他，反而對他的失敗進行了一倍讚賞。

下面便是貝特富德的回憶：

那一天下午，我正在路上走著，看到了洛克斐勒先生就在我身後的不遠處。但是我並不想停下，也不想回頭。說句實話，我實在不願意向他描述這次我在南美投資失敗的經過。可是他卻叫住了我，我沒辦法，只好停了下來。

沒想到洛克斐勒先生走過來後，非常友好的在我的背上拍了一下，然後說：「你做得好極了，我的老朋友！哦，我剛剛聽說了你在南美的事情。」我心想，他一定是在嘲諷我，接下來，他一定還會責怪我。於是，我決定還是由我自己來說好了。

「這實在是一次慘敗，簡直糟透了！」我沮喪的說，「儘管我們後來盡力做了補救，可仍然只收回了百分之六十的投資。」

洛克斐勒說：「就是因為這一點，我才覺得你做得真棒！」他神情十分真摯的說，「我本來以為會血本無歸的，真虧得你處置果斷及時，才替我們保住了這麼多的投資。真的，貝特富德，你能做得這麼出色，真是難能可貴啊！」

他就是這麼讚賞我的。這是我一生中所得到的最好的安慰——它不僅使我的精神重新振作起來，而且還大大增強了我的自信心。

正是擁有了一批能夠正視失敗，勇於從失敗中激勵自己重新站起來面對人生、面對工作、面對事業的下屬，標準石油公司才能在一百三十七年的發展進程中一直屹立不倒，並取得世界五百強企業中的翹楚之位。

愛迪生曾經說過：「失敗也是我需要的，它和成功對我一樣有價值。只有在我知道做不好的方法以後，我才知道做好的方法是什麼。」拿破崙也說：「人生之光榮，不在永不失敗，而在能屢仆屢起。」失敗出現後，如果什麼都不做，一直把自己困在挫敗感的陰影裡，你的思想就只能在不安中打轉，無論如何也擺脫不了消極的情緒。謹小慎微、安於現狀的人，極力迴避未知的事物，寧願穩妥也不去冒險。但是這種做法會讓自己的工作變得單調死板、缺乏生氣，致使自己的職業生涯淪於平庸，甚至有倒退的危險。

在某企業，有一位范小姐。她最初在行銷部，只是做一個毫不起眼的行銷人員。范小姐很聰明，對市場的把握也很敏銳，她的上級透過觀察，發現這個小螺絲釘總能找到一些行銷點，為公司創造利潤。

後來，公司推出了一個新的品牌。平時累積了豐富的品牌推廣經驗的范小姐，這時候想了一個非常好的企劃方案，可是又不敢向公司提出，猶豫了好久。她的心神不定，被她的上級看在了心裡。於是她的上級主動找她談話，詢問她有什麼心事，是否需要幫助。她的上級鼓勵范小姐，但是她還是猶豫不決的說：「要是我提的方案不好，造成公司損失怎麼辦呢？」她的上級聽了後，笑呵呵的對她說：「沒事的！公司會針對妳的提議進行討論。如果不可行，我們就不採納；如果可行，我們才會採用。再說，就算不可行，妳也能夠為我們開拓思路，這有什麼不好呢？公司需要的就是你們這些年輕人的意見，這樣公司才會有新鮮血液流進來，才能不斷往前發展嘛。」這一番話，給范小姐帶來了無限的信心，她當時就對上級滔滔不絕的談了自己的想法，並且還寫了一份詳細的企劃書提交給了公司。

最後，公司採納了范小姐的提案，將那次品牌推廣活動企劃得非常成功。而范小姐的自信透過這次成功獲得了極大的提升，也進一步激發了她的工作熱情。由於表現出色，范小姐不久就被提拔成為品牌中心的副經理。

故事中提到的那位副手，有沒有給范小姐加薪？沒有。但是毫無疑問，他是一位一流的激勵大師。

在現代組織或企業的內部，副手的位置非常特殊，既沒有物質激勵的權力，又必須要承擔激勵的任務。那麼下面是四種最適合副手使用的激勵法，這幾種激勵法的具體內容是：

1.指導激勵法

指導激勵法是最實際的激勵方法。如果你給予一對一的指導，就不僅幫助下級提升了工作技巧，更代表了你關心他。

2.榮譽激勵法

榮譽可激發下屬積極的工作態度，從而提高其對工作的熱情度。可為工作成就突出的下屬頒發榮譽稱號，加強對他的認可。

3.認可激勵法

認可激勵法是讚美的一種形式。任何一個人都希望得到別人的肯定，特別是上級的肯定。美國著名的企業管理顧問史密斯指出，每名下屬再不顯眼的好表現，如果能得到上司的認可，都能對他產生激勵的作用。拍拍下屬的肩膀、寫張簡短的感謝紙條，這類非正式的小小表彰，比公司一年一度召開盛大的模範員工表彰大會，效果可能更好。但是這種方法不宜頻繁使用。如果用得太多，其價值和所產生的效果都會降低。

4.讚美激勵法

讚美激勵法是副手最常用的，沒有時間、地點、環境的限制，你可以隨時隨地讚美你的下屬。著名的管理專家鮑勃．納爾遜表示：「在恰當的時間從恰當的人口中道出一聲真誠的謝意，對下屬而言比加薪、正式獎勵或眾多的資格證書及勳章都更有意義。這樣的獎賞之所以有力，部分是因為經理人在第一時間注意到相關員工取得了成就，並及時的親自表示嘉獎。」因此，不妨對你的下屬說：「你做得真是太棒了」、「這真是一個好創意」、「這段時間你表現得非常不錯」等。

但是，副手在激勵下屬時必須注意以下幾個方面：

1. 要注意溝通的實質性效果

溝透過程中純語言的功用是十分次要的，副手應更多的重視從意識深層去解剖自己，再轉化為相應為下屬所歡迎的溝通方式。

2. 要注意向下屬描繪「共同的願景」

從基本面來觀察，企業的「共同願景」主要應該回答兩個方面的問題：

（1）企業存在的價值，這裡不僅僅涉及倫理判斷問題，更多的是關涉到企業所在行業的發展趨勢以及企業自身在行業內部的發展趨勢問題。

（2）企業的「共同願景」必須回答員工依存於企業的價值。企業存在有價值並不代表企業中的員工都有價值感。

3. 要注意「公正」第一的威力

公正生「威」。一般來說，大家會尊敬態度強硬但公正的副手，而強硬只有與公正相伴，下屬才可能接受。公正意味著秩序上的公正。公正意味著制度面前人人平等。公正的立足點是制度管人，而不是人管人。公正強調讓數字說話，讓事實說話，注意精確、有效。公正是對企業領導人品格的一種考驗。

4. 要注意用「行動」去影響部下

說的多、做的少的現象在現實工作中比比皆是，此種做法乃人之大忌。正如日本東芝總裁士光敏夫所言：「部下學習的是上級的行動。」對於副手而言也是如此，當你希望下屬做什麼時，請拿出你自己的示範行為來。

5. 要注意授權以後的信任

授權以後卻不信任下屬，於是橫加干涉，導致下屬覺得無所適從，只好靜坐觀望，副手反過來又認為下屬沒有主動性，想要推動，所以越加有干涉的理由，下屬越發感到寸步難行，由此形成惡性循環。

假如副手自身能夠認知授權以後的充分信任不僅對下屬極有好處，同時對自身也利多弊少的話，他就會積極主動的充分放權。授權以後的充分信任等於給了下屬一個平台、一個機會，給了其受尊重的感覺，讓其有一個廣闊的施展抱負的空間。授權以後的充分信任對於副手自身也有莫大的好處：把事情簡單化，有充裕的時間去思考重大決策問題。

6. 要注意善用「影響」的方式

影響方式是一種「肯定」的思考，它肯定人的主觀能動性，強調以人為本，承認個性都會有意識的追求自身價值。身為副手，其主要任務就是運用組織的目標與自身的人格魅力去感召他們、啟發他們，讓下屬產生自我感知，迸發工作的原動力，從而產生強大的行動能量。持這種觀點的企業主管秉持「影響別人最好的方法就是放棄控制他們」的觀點，其下屬工作的主動性是非常突出的。

總之，在通往事業成功的過程中，必須學會激勵你的下屬，讓他們在實踐中不斷向「第一」發起衝刺。這樣，下屬面對任何困難都能泰然自若，從容應對，從而在自己未來的事業中有所作為。

勇當下屬學習的標竿

一位優秀的副手必然是事事以身作則的，而他的這種行為也會贏得下屬的尊重。在任何一個組織內部，副手都是一個團隊的領頭羊，自己本身的工作能力、行為方式、思考方法甚至喜好都會對團隊成員產生莫大的影響。

而且，培養下屬是隨時隨地的。不管什麼時候，只要看到有問題，都要及時啟發、教育。如同小學老師，從如何提問、如何拿筆開始。在組織中，這種隨時隨地的教育被稱為機會教育。研究表示：組織中的機會教育占員工教育的百分之七十。換句話說，百分之七十的教育是靠成員的直屬上司來完成的。

一些骨幹在培養下屬的時候會說：「你要好好做，你的建議非常好，你去做吧。」這基本等於廢話，只會讓下屬感到不知所措。所謂做出樣子，就是說骨幹要以身作則，讓下屬可以學著自己的樣子做。只有這樣，下屬才能真心實意的擁護你、追隨你、愛戴你，並迅速成長。

在二戰時期，美國著名將領巴頓將軍就是這樣的副手。他曾經說一句非常富有哲理的話：「在戰爭中有這樣一條真理：士兵什麼也不是，將領卻是一切。」巴頓將軍為什麼說這樣一句話？讓我們先來看下面的故事：

有一次，巴頓將軍帶領他的部隊在行進的時候，汽車陷入了深泥裡。巴頓將軍喊道：「你們這幫混蛋趕快下車，把車推上去。」所有的人都下了車，按照命令開始推車。在大家的努力下，車終於被推了出去。當一個士兵在準備抹去自己身上的泥汙時，驚訝的發現身邊那個弄得渾身都是泥汙的人竟然是巴頓將軍。原來巴頓將軍剛剛和他們一起把車推了出去。

而這件事一直都牢牢的記在這個士兵心上。直到巴頓將軍去世，在將軍的葬禮上，這個士兵才對巴頓將軍的遺孀說起了這個故事，這個士兵最後說：「是的，夫人，我們非常敬佩他！」

當我們看完這個故事，再來回顧巴頓將軍那句名言：「在戰爭中有這樣一條真理：士兵什麼也不是，將領卻是一切。」我們不難發現隱藏在這句話背後的深意，那就是：士兵的狀態取決於將領的狀態，將領所展示出來的形象就是士兵學習的標竿！這個道理不僅在軍界適用，在任何一個組織或企業都適用。

軍隊如此，組織或企業亦是如此。在關鍵時刻，副手的狀態往往決定全方位的成敗。即使是在平時，能夠以身作則的帶領自己的團隊，也是副手的首要職責之一。

組織成員都是經過學校這種科學方式大量生產的人才，特別是在今天這樣一個商業化社會中，再採用這種師父帶徒弟的方式合適嗎？這是種誤解。學校的知識，在工作中需要轉化成實際的工作能力，這種轉化需要一個過程。師父帶徒弟的方式，是推進這種轉化而推動工作的最好方式。

副手要做下屬的領頭羊，領頭羊所起到的就是一個標竿作用。它永遠站在團隊的最前方，給予群羊榜樣與力量，使得整個團隊昂首闊步的向前。一位優秀的副手必然是事事以身作則的，而他的這種行為也會為他贏得尊重。

總之，副手在帶領自己的團隊時，一定要時刻牢記：勇當下屬學習的標竿！

信任下級，用人不疑

副手在用人方面應把握的一個關鍵原則即「用人不疑，疑人不用」。只有這樣，才能贏得下屬員工的信任和擁戴，做好領導工作。

副手作為組織或企業的中層領導者，最忌小肚雞腸、對下屬胡亂猜疑。猜疑是不信任他人的表現，喜歡猜疑的人，無法得到別人的真誠。如果副手疑心太重，對下屬不夠信任，就會在自己和下屬之間產生很多不必要的誤會，進而挫傷下屬的積極性和主動性，使之工作不能全力以赴，甚至人心渙散，最後導致失敗。

從前，一對年輕人結婚不久，太太撒手人寰。丈夫由於每天忙於生計，無法照看襁褓中的孩子，就訓練了一隻聰明又善解人意的狗，讓牠負責照看小孩。

有一天，主人出門把孩子交給狗照看。由於遇到大雪，無法當天返回，第二天趕回家時，卻吃驚的發現家裡到處都是血，孩子也不見了，只有狗滿嘴是血的站在那裡。主人認定狗獸性大發把孩子吃掉了，一怒之下拿刀把狗殺了。悲痛之間，忽然聽見孩子的哭聲從床下傳出。抱出一看，孩子雖然身上有血，但是並未受傷。他奇怪的巡視屋內，這才發現牆角處躺著一隻死狼。原來狗從狼的口中救了孩子，卻被主人誤殺了。

人在不理智、缺少思考、感情衝動的情況下，非常容易產生猜疑和誤會。對無知的動物產生誤會，尚有如此嚴重的後果，人與人之間發生猜疑和不信任，後果會更加嚴重。

然而，很多副手明明知道予人信任對工作會有很大的幫助，有時卻很難做到。比如說，向下屬交代某項工作時，總是心存懷疑下屬會不會把重要的商業機密洩露出去。向主管請示時也會擔心主管看輕自己。有了這種矛盾心理，就好像戴上了有色眼鏡，判斷問題難免會有偏差，即使一件很平常的事也會變得疑竇叢生了。

因此，副手在用人時，應該做到心胸坦然，充分信任、尊重下屬的個性，欣賞下屬的創意。如果因為一點風吹草動或一些雞毛蒜皮的事就對下屬產生懷疑，則只會增加內耗、耽誤工作。

「用人不疑」有一個重要要求，就是「以信為本」，即對部下守信用。因為守信用是對部下的尊重和信任。反之，言而無信，則是對部下的欺騙和玩弄。很顯然，這是極不得人心的，其結果必然是人心離散，人才盡去。

守信用，在領導工作中具有非常重要的意義。它是人們相互之間忠誠的表現。是相互之間建立安全感的依託，它能使副手獲得下屬的尊重和信任。

守信用，一般包括三個方面：

1.**守諾，即信守諾言**。

副手對內、對外定約承諾，是為常事。既是工作相互配合的要求，也是工作的目標和結果。諾言的兌現，即是相互配合的默契、工作目標的實現。副手也在對部下諾言的兌現中，一次次的提高威信、融洽感情，一步步的走向事業的成功。

不可失約。

2．守時，即信守時約。

副手替下屬安排工作，一般都少不了時間規定。時間一定，不可變更，更不可失約。

3．守令，即信守命令和政策。

命令和政策要始終如一，穩定少變，不能朝令夕改。古人云：「輕諾必寡信，多易必多難。」、「言多變則不信，令頻改則難從。」朝令夕改是「寡信」的重要表現，它將使部下無所適從，舉步無向，也會使副手自身指揮無力，不能形成統一的目標和意志，最後必將失去部下的信任和尊重。

此外，信任下屬的一個重要要求就是：任人以專，不信讒言。讒言對於任用下屬有很多壞處，古人就有以下認知：一是「蔽賢失士」，二是「善政障塞」，三是「讒令親疏」。因為讒言逢迎主管，而使讒言得信、忠言遭斥；由於讒言背後，而使賢良之士防不勝防，雖無害人之心，卻常有受害之災，無心於工作，防害於朝夕；由於讒言偽飾「忠良」，而使忠奸不分，使真正的忠誠之士被排擠冷遇；由於在位易遭讒害，因而賢能之士在壞人當道的情況下，常思告退，以避讒災。這樣一來，忠良難存，善言難進。

重視下屬的參與價值

副手作為一線團隊的負責人，有責任使自己的團隊正常運轉起來。而不是孤軍作戰、成為孤膽英雄，應該充分發揮並利用員工價值，設法使員工參與其中，來戰勝企業現在以及將來面臨的困境。

在現代組織或企業中，下屬的參與可分為協商性和代表性兩種。前者鼓勵下屬發表意見並給予他們這種機會，副手則保留最後決定。後者則更進一步，使下屬能參與決策，擁有了過去只屬於管理層的特權。

允許下屬參與決策，他們就會對所作決策產生更多的「主人翁感」，在執行過程中就會更有責任心。而且，當下屬在確定工作目標時，也貢獻了自己的想法。在隨後的執行過程中就會更有衝勁。

大衛在一家科技公司的軟體發展部工作，主要進行應用軟體系統的開發和實施。一天，部門經理找到大衛說：「公司為完成一個交通行業的總體解決方案，必須進行前期的調查研究工作，為此成立了一個專案小組。由你來擔任專案經理。湯姆和傑克作為專案組成員協助你的工作。」

從經理辦公室走出來，大衛非常苦惱。原來專案組的其他兩位成員湯姆和傑克都是他所在部門的部門副經理，其中一位更是大衛的直屬頂頭上司。部門經理並沒有對所有的專案成員說明情況，令大衛感到非常難辦。

果然，大衛擔心的狀況在專案展開時發生了。專案組的其他兩位成員湯姆和傑克在專案工作中依然表現出大衛上司的作風，對大衛的工作安排指手畫腳，也常常藉口其他工作而耽誤了專案的進程。

大衛只能經常一個人進行專案工作，專案的進度受到很大影響。

隨著時代的發展和社會的進步，傳統的集權化和非參與性管理方式將不再普遍，獨裁式管理方式越來越不合時宜。現代的先進管理方式將向更加合作、更少壓迫的方式轉變，領導者和管理者靠業績而不是靠發號施令贏得員工的尊敬。團隊合作、一致化管理、協商、人際關係和同時應對多項工作，將是成功的未來領導者所需的技能。

現代領導才能的施展要訣是下放權力、尊敬他人，展示領導者的個人魅力，以此來感染下屬，進而分享彼此對未來成功的信念。在此過程中，副手的作用是支持和鼓勵下屬更具企業家的眼光，大膽抓住發掘自身才能的時機，做出獨創性貢獻。

副手作為一線團隊的負責人，有責任使自己的團隊正常運轉起來。而不是孤軍作戰，成為孤膽英雄，應該充分發揮並利用下屬的員工價值，設法使下屬參與其中，來戰勝企業現在以及將來面臨的困境。

一、副手既是領導者，又是教育者

現代企業或組織對下屬的要求不再是以多取勝，而是以能力見長。下屬絕不能局限於現在所掌握的某項特殊技能。而是要充分發揮自己的想像力、創造力以及將要學到的新知識，並依靠這些幫助企業創造輝煌的未來。

在日常工作中，副手培訓和教育下屬的使命並不僅僅是幫助下屬獲得解決問題的具體技巧，還要幫他們拓寬思路，解決隱藏問題並抓住潛在的機遇。要求副手對下屬的不斷教育不再只是把下屬送去參加企業資助的臨時培訓課程，而應將其作為自己永遠的義務。

副手在行使領導者兼教育者的職責時，首要任務之一就是要幫助下屬了解到他們的職位說明書根本不能滿足你對他們的工作期望。現代職場要求下屬必須非常清楚這一職位將會面臨的問題和希望採取的對策。

每位招聘來的下屬都有自己一套獨特的經驗和洞察力，副手的任務就是看到每個人的長處並努力對此進行發掘和培育。

二、不斷發展下屬的潛力

不斷發展下屬的潛力，以下三種手段必須加以重視。

1. 提供日常學習機會。以提高下屬能力為目標，可以鼓勵下屬透過各種方式提高自身的能力水準，不要因為削減人力資源或者培訓預算、機構繁複的官樣文章等妨礙副職領導者為下屬的成長所做的任何努力。

2. 清晰具體的傳達企業的短期和長期目標，以及為實現這些目標所做的具體安排。使下屬對重要事項和相應的時間表有個清晰的概念，將有助於他們在確定優先順序，或面對無條例規定和無先例的情況時，能夠正確、獨立的做出判斷。

3. 不斷向下屬提問。蘇格拉底說：「最有效的教育方法不是告訴人們答案，而是向他們提問。」向下屬提問還要注意提問的方式，不要咄咄逼人，以免影響到對下屬洞察力的發掘。

三、對下屬進行能力測試

在要求下屬具備某些能力的同時，也要對他們進行測試。

讓每個下屬有分享資訊的權力。不要只是把下屬「需要知道」的資訊提供給他們，而要讓下屬告訴你「有什麼資訊他們需要知道」。

更多的與下屬分享資訊同樣重要。下屬知道的資訊越多，能做出重大貢獻的潛力就越大。與下屬分享不需要完全保密的全部資訊，可以鼓勵他們為決策獻計獻策，使副手從事必躬親的繁重工作中解脫出來。

愛戴下屬，凝聚合力

副手以理服人的管理在下屬心中自然會產生威信，有了威信才能使下屬真心實意的信服，從而心甘情願的為組織服務，而且工作熱情也是毋庸置疑的。

在現實工作中，副手能否提高管理效率，加強管理力度。需要依賴的是他自己樹立的威信，而不是他的權威。權威是因有權而有威，帶有很濃厚的強制性和專斷性味道；威信則是因為一個人的學識、經驗、能力和品格等而來，如同一個人的氣質一樣，於無形中令周圍的人追隨和服從，在組織中產生很強的影響力。

副手在管理下屬時，要提高自己的親和力，以理服人而不是以權壓人。以理服人的管理在下屬心中自然會產生威信，有了威信才能使下屬真心實意的信服，從而心甘情願的為組織服務，而且工作熱情也是毋庸置疑的。

法國著名寓言作家拉封丹的作品裡有這樣一個寓言：

北風和南風比威力，看誰能把行人身上的大衣脫掉。北風首先來一個冷風凜冽、寒冷刺骨，結果行人把大衣裹得緊緊的，怎麼也吹不掉。南風則徐徐吹動，頓時風和日麗，行人因為覺得春意上身，便解開鈕釦、脫掉大衣。因此最終南風獲得了勝利。

按常理講，北風總給人一種很強勁的感覺，應該比南風厲害多了，可是獲勝的卻偏偏是不威猛的南風。這就是管理界有名的「南風法則」，也稱為「溫暖法則」。這則寓言形象的說明了一個道理：有時溫暖的力量勝於嚴寒！身為副手，在管理中運用「南風法則」，就是要提高自己的親和力，多尊重和關心下屬，多一點民主和人情味，使下屬真正感覺到領導者給予的溫暖和信任，從而主動丟掉心中的包袱，激發起下屬工作的積極性。

「南風法則」運用到企業管理中，道理也是一樣的。優秀的副手往往懂得以提升自己的個人魅力來吸引下屬與自己同伴而行，懂得關心下屬職員。個人的管理魅力是一種感召力和人格上的征服力，絕對不同於壓力和強制力。

《史記》記載，春秋戰國時代名將吳起統帥軍隊，與士卒穿同樣的衣服、吃同樣的伙食，睡覺不用席，行軍不騎馬，自己攜帶口糧，與士卒分擔同等勞務。

有一次，一名士卒身上長了毒瘡，吳起親自用嘴為他吮吸創口排除膿液，使這位士卒深受感動。在這種情感的感召下，整個部隊的奮鬥力極為強大，打起仗來個個奮不顧身，勇往直前。

以今天的眼光看，吳起便是用感化的方式來管理軍隊，將親和管理用於帶兵打仗。而親和管理的一個顯著特徵就是透過心靈溝通，感情認可，使管理對象由於理解、信任、感激和鼓舞進而產生不可遏止的熱情和力量，從而實現預期目標。

所以，對於副手來說，對待下屬要做到上下真誠合作，就要盡量多做工作、多承擔責任，以誠心換真心，對下屬要信任。副手給予下屬足夠的信任，他們就會受到感動和激勵，就會維護副手的威信，全心全意的做好分內的工作。另外，副手還應該像吳起對待士兵一樣，用心研究關愛的藝術，理解、關心、寬容和尊重下屬，為下屬創造心情舒暢的工作氛圍，發揮情誼的作用。當下屬工作取得成績時，向其表示適當的鼓勵和祝賀；當下屬遭受不幸或工作遇到挫折時，要及時給予關懷和慰問，給下屬送去溫暖。

提高親和力，不以權壓人，並不是說在管理上沒有原則，放任下屬為所欲為。這樣的副手可能會在短時間內「贏得」下屬「好說話、不難為人、有親和力」的評價，時間一長就會被下屬當成擺設，如果下屬都認為副手是一位好說話的主管，大家自然而然就會有這樣的想法；即使犯了錯，只要向他「求救」，就能大事化小。小事化了；只要得到他的好感，即使真的犯了錯，也能夠網開一面，不至於受到懲罰。一旦下屬心中形成這種觀念，在公司內部的管理上必然產生許多不利的影響，最嚴重就是「雖令則不行，雖命而不從」。如果下屬都無視規則，公司的約束機制就蕩然無存，工作效率必然會日趨下降，而副手應有的威信就無從談起了。對於副手而言，絕不能奉行人情至上，屢創「例外」，對下屬缺乏約束力度。

問題思考：

1. 結合本章內容，重新審視自己的過去和未來，找出自己在領導下屬方面還有哪些需要改進？
2. 假如你是某企業或組織的副手，你認為如何才能讓下屬擁護你？
3. 結合實際工作，談一談副手與下屬和諧相處的重要性？

行動指南：

如何讓自己做到「知人善任，善待下屬」？

方法一：多看一些成功副手與下屬的相處經歷，從中學習他們的長處。

方法二：尋找機會與所有的下屬交流，從中了解到他們是如何客觀看待自己的。

方法三：經常告訴自己「知人善任，善待下屬」是成為優秀副手的條件之一。

你可以盡可能的運用上面的方式強化自己對待下屬的態度。重要的是，你要把自己的體會寫下來，並不斷的強化這種感受。

附錄

1. 副手升遷的技巧

在一個組織或企業的內部，身為一個希望得到升遷的副手，怎樣才能實現自己的夢想呢？

實際上，關於升遷的技巧，並不是沒有任何規律可循的。這些規律除了本書各章節提出的那些之外，還包括以下幾個方面的內容：

一、具備扎實的基本功

身為一個副手必須要練好自己的內功，這需要注意兩個方面：知道自己的弱點，努力找出並加以改正；努力培養自己升遷所應具備的各種條件。

二、努力做好自己的本職工作

只有出色的完成工作任務，才能得到上司的欣賞、同級副手的敬佩和下屬的擁戴，只有勝任目前的角色才能升遷。這是因為，隨著工作的展開和政績的累積，任何一個副手都有可能得到一個升遷的機會。一旦升遷，副手就面臨著一個提高什麼能力以盡快適應職位要求的問題。伴隨著職務的升遷，其領導能力勢必呈現出一個遞增的趨勢，假如職務升遷而領導能力沒有相應的提高，必然制約著工作的展開。而能力和水準又是透過自己在實際工作中的表現反映出來。因此，要做到：

1. 有明確的目標和堅強的毅力

如果沒有明確的目標或目標不切合實際，副手潛力的發揮就會受到影響，從而妨礙取得更出色的成績。如果目標建立，就要用百折不撓的堅強意志和毅力去實現。

2. 注重方法和技巧

講究方法和技巧能提高工作效率和效果。方法和技巧的內容非常廣泛，變化莫測，要根據具體條件而靈活應用。但是在講究方法和技巧的同時，還要掌握一定的原則，包括合理利用時間、熟悉自己的環境、不要偏離目標、善於尋找機會和利用機會來表現自己。

3．原則性與靈活性相結合

副手在處理事務過程中，一定要做到辦事果斷，不離原則，既勇於負責，又善於負責，同時又應該有一定的靈活性，絕不能另外有一套標準。

三、建立良好的可靠基礎

在現代民主制度下，副手獲得組織成員的支持是實現升遷夢想的一個基本條件。沒有大多數的支持和擁護就難以在組織中立足，就是用盡各種手段得到了升遷機會，也不會長久，因為很難得到大眾的支持就難以取得成就。副手在謀求權力升遷時，一定要注意贏得大多數的支持，這種支持是副手獲得權力的可靠基礎。

所謂良好的可靠基礎，主要包括以下兩個方面：

1．下屬的支持

要獲得下屬的支持，就不能時時以領導者的身分自居或以居高臨下的態度對待下屬，而應該想方設法建立雙方的良好關係。要採取相應的措施，以自己的行動讓下屬產生合理感、認同感、參與感和責任感。

2．同級副手的支持

假如一個副手與同級副手的關係非常緊張，可能在這個組織中得到升遷的機會就很渺茫。所以說，打好與同級副手之間的關係，既是一種升遷的準備，更是一種基礎。同級副手之間在許多事情上，要相互配合，有時還要通力合作。一般而言，在沒有行政命令約束的情況下進行合作的最好辦法是協商。協商既可以使雙方心情舒暢，加深友誼，又可以在友好的氣氛中達到自己的目的。

四、取得主管的信任

副手的角色能否正常晉升，與主管是否信任、賞識是分不開的，甚至可以說是升遷的關鍵要素。因此，副手要得到升遷，必須要重視和處理好與主管的關係。

1. 出謀策劃，適時進言

這是每一個副手都必須要做好的事，透過這一管道讓主管知道你的人品、見解、能力等。要做到這一點，就需要對主管進行分析，根據其特點提出自己的意見和建議。

2. 匯報工作

這是每一個副手角色都不能迴避的問題，而且是應該充分利用的機會。透過匯報工作，讓主管感受到對他的尊重，拉進雙方的感情，同時也能夠獲得主管的信任。

3. 對主管的忠誠

這裡所講的忠誠並不是指對主管的盲從、愚忠，甚至是「臣服」的那一套——喪失原則、一味迎合、趨炎附勢。

五、把握好分寸，不可鋒芒太露，也不可不露

在日常工作中，副手要注意的是，能幹但不可恃才傲物。恃才傲物是不善待自己才能的表現，通常會造成自己與上司、與同級副手、與下屬關係的緊張。而且，恃才傲物的副手，一般來說很難與人相處，所以也就很難做出什麼業績來，最後只能陷入孤獨，不受上下左右的歡迎。雖然有才華卻難得重任，最後只能是碌碌無為，不會有太大發展。

2．不同行業副手應掌握的要點

不同行業的企業副手。企業的基本任務是以消耗和占用較少的人力、物力、財力，為社會提供盡可能有用的產品，屬於生產性工作。這一定義決定了它所應該具有的特點，主要是：

1．企業人員流動較小，相對穩定，人才培養效益持續時間較長。

2．企業具有較大的獨立性，特別是隨著經濟體制改革的深入發展，自主權

不斷增大。

3．企業是經濟實體，有一定的財力保證。組織管理的時候，目標成果與個人的物質利益緊密相關，責、權、利相結合的原則一般可以用經濟手段表現。

4．任務比較單一、穩定，便於確定目標，實行目標管理。一般來說，每個企業都應根據自身的生產任務和具體情況，確定企業目標的內容。不同企業或同一企業在不同時期，其目標也是不同的。概括起來，企業目標主要包括生產目標、市場目標、發展目標和利益目標等方面的內容。這些內容絕大部分可以用技術經濟指標定量表示。

針對企業的特點，身為企業副手，在把握好副手應該具備的共性特徵的同時，還要特別注意以下幾個方面：

1．學會自我控制

作為一個企業的副手，要想把自己範圍內的各項工作做好，完成各項指標任務，關鍵在於把全體員工，尤其是把那些核心職員團結在自己周圍，為實現既定的工作目標而努力。副手必須學會和提升自我控制能力。

現實中對企業的領導人，尤其是副手自我控制能力的要求是無處不在的：當名利、榮譽來臨時；當你的工作處於同業的前茅或排名靠後時；當別人的讚揚和稱道時；當不幸和挫折突然降臨時；當你的指示與要求被下屬抵制時；當遇到主管不公正的責備和處罰時；當員工群體上訪或部分人員鬧事時等等。在這種情況下，副手的理念、思想、行為舉止會對員工產生重要影響，甚至影響企業的命運。

作為一名副手只有自己管理好自己、自己把握住自己、自己控制住自己，才能做到成績面前不沾沾自喜，遇到挫折不灰心喪氣，困難面前矢志不渝。任何情況下，都能泰然處之、保持頭腦冷靜；任何情況下，都能避免「激石成火，激人引禍」。

2. 要做到一切為了員工

在企業管理實踐中，每一個副手都應該做到真心實意為的為員工做好事，盡自己所能培育優秀員工。要學會善待員工，把員工當做客戶來經營。企業發展有兩個基石，即一個是對外的，即客戶；另一個是對內的，即員工。因為有了好的員工，就有了好的產品；有了好的產品，就有了好的服務；有了好的服務，就有了好的客戶；有了好的客戶，就有了好的市場、好的利潤。假如企業的員工一直處於不滿意狀態，根本達不到以上的目的。

透過建立激勵機制，建設一支高水準的員工團隊，企業才能提升競爭力。要著眼於未來，透過多種途徑不斷幫助員工增強生存和發展能力，副手在企業經營過程中，必須致力於培育優秀員工，最大限度的發揮潛能；幫助員工創造美好的未來、幸福的生活，實現自身價值。

3. 要為辦好事，做實際的成績

目前，我們所從事的一切工作，包括生產、科研、管理、改革、創新活動等最終都需要人去實踐。可以說，員工是企業最重要的資源，也是推動企業發展的根本力量。雖然這一要求對任何一個副手來說都是適用的，但是作為企業副手更應引起重視，因為企業員工的素養相對不十分平衡，他們更多的是著眼於那些看得見、摸得著的個人利益。

在這種情況下，企業副手在自己的範圍內要注意兩點：注意引導員工正確處理好「利己」與「利他」的關係，讓他們在服務過程中表現和提升自己的價值，得到和實現公平合理的利益。注意開發員工需求，沒有需求就沒有欲望，沒有欲望就沒有動力，假如員工沒有任何需求，也就意味著沒有發展願望和動力，我們就沒有任何辦法調動員工的積極性。而且員工沒有發展願望和動力，也就意味著企業沒有發展動力。因此，要引導員工提高素養，追求更大的業績；引導員工融入團體、融入組織，更積極、主動、有效的為企業、為社會服務。

4. 要做到主動工作，積極協調

主動性表現在主動完成自己範圍內的工作和主管臨時分配的任務；主動向主管匯報對重大問題的處理和工作中的重要情況及實施結果。

副手在自己範圍內應當而且必須主動當主角。如果說副手在工作上不主動，不管什麼都要等主管發號施令，甚至看主管的臉色行事，就不會發揮應有的作用。一般情況下，主管的決策主要是依靠副手去實施的，這就要求副手必須具備較高的協調能力和管理藝術。不僅要善於協調分配工作，而且要善於協調與同級主管之間的工作關係，確實做到分工不分家，盡善盡美、盡職盡責的做好工作。

5. 要做到勇於溝通、善於溝通

要在企業經營管理的過程中做出成績，副手必須加強溝通、學會溝通、善於溝通。之所以強調這一點，是因為組織內溝通的有效性對組織功能有效發揮的影響在百分之九十以上。要強化內部客戶意識與服務意識，要認真聽取企業內部客戶的意見，把副手所管轄範圍內所有對於客戶的利用價值優化整合到極限。假如每一個副手或每一個部門都處於一種封閉的狀態中，不僅是一種浪費，整個企業也會處在一種離散的狀態，團隊沒有力量。「設身處地，將心比心」、「有福同享，有難同當」是副手溝通最質樸的道理，只要講究溝通技巧，誠心、用心的去溝通，多換位思考，溝通一定能夠成功。

電子書購買

副能量：第二把交椅生存術，成為副手而不是附屬 / 蔡賢隆，馮福著 . -- 第一版 . -- 臺北市：崧燁文化事業有限公司，2021.05
面；　公分
POD 版
ISBN 978-986-516-568-0(平裝)
1. 職場成功法 2. 企業領導 3. 組織管理
494.35　　110000117

副能量：第二把交椅生存術，成為副手而不是附屬

臉書

作　　者：蔡賢隆、馮福
發 行 人：黃振庭
出 版 者：崧燁文化事業有限公司
發 行 者：崧燁文化事業有限公司
E-mail：sonbookservice@gmail.com
粉 絲 頁：https://www.facebook.com/sonbookss/
網　　址：https://sonbook.net/
地　　址：台北市中正區重慶南路一段六十一號八樓 815 室
Rm. 815, 8F., No.61, Sec. 1, Chongqing S. Rd., Zhongzheng Dist., Taipei City 100, Taiwan (R.O.C)
電　　話：(02)2370-3310　　傳　　真：(02) 2388-1990
印　　刷：京峯彩色印刷有限公司（京峰數位）

— 版權聲明 —

本書版權為作者所有授權崧博出版事業有限公司獨家發行電子書及繁體書繁體字版。若有其他相關權利及授權需求請與本公司聯繫。

未經書面許可，不得複製、發行。

定　　價：360 元
發行日期：2021 年 05 月第一版
◎本書以 POD 印製